中國賞石

杜学智　主编

人民日报出版社

图书在版编目（CIP）数据

中国赏石. 第2辑 / 杜学智主编.
-- 北京：人民日报出版社，2013.11
ISBN 978-7-5115-2238-2

Ⅰ. ①中… Ⅱ. ①杜… Ⅲ. ①石 – 鉴赏 – 中国 – 文集
Ⅳ. ①TS933–53

中国版本图书馆CIP数据核字(2013)第271177号

书　　　名：中国赏石（第2辑）
主　　　编：杜学智

出 版 人：董　伟
责任编辑：杨冬絮　李小雨
封面设计：《中国赏石》编辑部

出版发行：人民日报出版社
社　　　址：北京金台西路2号
邮政编码：100733
发行热线：（010）65369527　65369846　65369509　65369510
邮购热线：（010）65369530　65363527
编辑热线：（010）65369522
网　　　址：www.peopledailypress.com
经　　　销：新华书店
印　　　刷：宁夏报业传媒印刷有限公司

开　　　本：210mm×270mm　　1/16
字　　　数：150千字
印　　　张：12
印　　　次：2014年1月第1版　　2014年1月第1次印刷

书　　　号：ISBN 978-7-5115-2238-2
定　　　价：58.00元

CONTENTS 目录

01 赏石论坛
Stone Appreciation

目录 CONTENTS

87 人文石艺
Forum

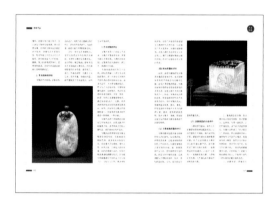
123 雅石清韵
Ethereal Charm of Elegant Stone

目录

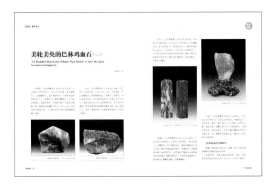

CONTENTS 目录

特邀顾问：欧阳中石　贾平凹　张贤亮　蓝天野
编委会名誉主任：寿嘉华
封面题字：欧阳中石
总　策　划：贾平凹
艺术总监：张贤亮
策　　划：李俊章
出 版 人：董　伟
主　　编：杜学智
责任编辑：杨冬絮　李小雨
支持单位：◎ 中国国际文化传播中心（CICCC）

投稿邮箱：zgss08@qq.com
网　　址：www.gss.org.cn
投稿电话：0951-5087361

封 面 石

　　看寿桃就想起聚福德寿的景，回忆起福寿安康的乐。绯红的石面上保留了青春的苦涩，却在细细的毛孔里渗下年年岁岁的日子，潜藏着被目光追逐的故事。

　　石上没有多余的纹路，却用完整的弧线圈出人生的圆满，用甜蜜的桃汁浇灌你我的心田。石有自己的梦想，她把思绪寄托给这个果子，把羞涩的红映在脸颊，却不知是人醉了还是桃自醉……

杨兰／文

题名：寿桃	石种：金丝玉
产地：新疆克拉玛依	尺寸：22×22×17cm
收藏：刘勇	

○ **精品赏析**
Studying Marvelous Stones

题名：玉蟾
石种：玛瑙
尺寸：26×20×16cm
收藏：石博

赏石 论坛

赏石文化艺术与中华文化复兴梦

——"六个一"的赏石文化理念摭言

On Relationship of the Culture of Stone Appreciation and Chinese Dream of Cultural Renewal : Six Principles of Stone Appreciation

荆竹◇文

寿嘉华会长在阐述中国赏石文化

在实现中华文艺复兴梦想的过程中，有许多文化资源优势是可以利用的，中国的赏石文化资源优势就是其中之一。我们应以"六个一"（即"一方石头和谐一个家庭，一方石头汇聚一批朋友，一方石头造福一方百姓，一方石头传承一种文化，一方石头弘扬一种精神，一方石头拓展一个产业"）的赏石文化精神，进一步拓展赏石文化艺术的审美空间，把培育赏石文化人才、拓展赏石艺术审美空间作为实现自己人生梦想的一部分。

In our endeavor to renew Chinese culture, we are endowed with abundant culture resources that we could take advantage of. Our art of stone appreciation is one of them. There are six principles when it comes to the art, which are, to turn the discovery of gems and stones into a good reason for family harmony, social connection, better livelihood, cultural inheritance, moral building and industrial development. We should follow these principles and continue expanding the artistic space of the art, so as to make part of our life dream, the personnel training and the expansion of the artistic space of the art.

新的时代命题与价值选择

综观中国观赏石文化艺术走过的悠悠岁月，我们清楚地看到，中国观赏石文化艺术与广大普通百姓的文化生活息息相关，是紧紧围绕实现中华文化复兴的梦想并伴随着新的时代精神风貌的步伐而不断前进的。中国观赏石协会会长寿嘉华先生说："一方石头和谐一个家庭，一方石头汇聚一批朋友，一方石头造福一方百姓，一方石头传承一种文化，一方石头弘扬一种精神，一方石头拓展一个产业"（下文简称"六个一"）。寿嘉华先生所提出的赏石文化理念的六个方面，是相互联系，相互依存，相辅相成，相互辐射的。中国观赏石文化艺术，历来与时代同呼吸共命运，这项新型的文化艺术事业，可谓是实现中华文化艺术复兴梦想的重要组成部分。

如今，在经济全球化进程中，实现中华文化复兴梦想的号角响彻九州寰宇，中国的观赏石文化艺术，与时俱进，不断开拓，发掘与弘扬"六个一"的赏石文化优势，自觉融入到整个华夏文化复兴的行列中去，用"六个一"的赏石文化精神，焕发出赏石艺术的美学光芒，在中华文化复兴的战略抉择中，作出贡献并体现自身价值。这是新的时代命题，新的社会价值选择，也是赏石文化艺术需要承担的历史使命。当然，这也是对从事观赏石文化艺术人的严峻考验。助推赏石文化艺术的发展与壮大，是顺应当今世界赏石文化大势的战略抉择，是丰富人民群众精神文化生活之迫切需要，是强化开掘石文化艺术发展新空间的审美诉求，是提升赏石文化艺术知名度和影响力的现实需求。我们要按照"六个一"的赏石文化理念，努力实现赏石文化艺术事业发展的这一总体目标。赏石文化艺术，应在历史的回顾与未来的瞻望中，重新审视石文化发展的价值规律、竞争规律、特色规律。"六个一"的赏石理念，作为一种以赏石为主体的多元审美价值取向与要求，必然要有多元的文化价值形态与之相适应，在这一文化战略抉择中，赏石文化的从业者在各项活动过程中的服务性需求结构也会发生相应变化：首先，从石头产地特性来说，需要创造一些勘察条件与便利；从赏石文化传播环节来说，赏石精品需要走向社会，向广大群众播撒自身存在的价值信息，即以某种方式参与采集、整理、鉴赏等过程，需要大众的审美介入；从赏石文化交流形态来说，需要掌握区域性的（包括世界的）动态与信息、赏石思潮或技术走向状况；从赏石审美形态的实现环节来看，赏石精品终究要与广大文化消费者相遇相识，同样需要良好的市场环境，市场信息，法律咨询服务等。这一服务性需求结构，是以观赏石从业者个体或小群体为对象、限于一时一地的，故可称为微观服务。

从广义上说，举办各种赏石精品观摩，高峰论坛，媒体采风，学术交流等活动，活跃大众赏石文化生活，从而给全社会的观赏石爱好者创造更多的赏石文化机遇和施展"相石"才华之机会，这是服务；观赏石文化艺术领域，可以通过各种媒体和互联网，为广大赏石文化艺术爱好者提供信息方面的咨询；可与社会各种积极力量密切配合协调，加速基本设施建设，为赏石文化艺术的开采、整理、修饰、观展、研究、交流创造相应的便利条件，这也是服务；也可采取措施，创造条件，加速区域性赏石文化市场的培育与拓展，积极引导赏石文化消费，从而有利于赏石文化艺术价值的最佳实现，这还是服务。总之，这种服务是以整体赏石文化艺术爱好者群体为对象和从长远目标出发的，其重点在于营造良好的社会文化环境和赏石文化艺术氛围，从而使广大赏石文化爱好者的人生，成为一种发现之过程，随着时间之流逝，在生命的体验中，发现周围的世界，发现自然，发现人们那些极微妙极深邃的社会表情……和谐的家庭是靠我们的发现而获得的，八方朋友的相遇是靠我们的发现才汇聚在一起的，一方百姓的造福是靠我们的发现才富裕起来的，赏石文化艺术是靠我们的发现而传承的，赏石文化精神是靠我们的发现而弘扬的，赏石文化产业是靠我们的发现而拓展的……整个世界，无论是自然界还是社会界，固然先于我们已经存在，但只有在生活过程中，我们才真正发现它们那富有永恒哲学意味和对自己有现实意义的存在——没有发现的生命算是白活了一世，你有发现之慧眼，也许你比常人多活了几个人生！是的，赏石文化艺术是什么？那正是一门发现的艺术——那是具有发现美的慧眼的人们，在常人熟视无睹的世界中，发现了用美、意义、价值构成的另一重美的世界，并以石头特有的符号、图形、纹路、色彩等人类审美文化标记固定下来，以其特有的文化存在——对另一种文化的人们来说是天书一般的"艺术"，把这

2013年8月，石家庄花都天地第四届观赏石博览会专家现场点评

在宁夏石嘴山市赏石与旅游研讨会上，寿嘉华会长为当地协会题字

一重文化的世界变为人类创造的现实和人类的集体记忆，代代相传，万世不竭。正如法国雕塑大师罗丹所说的："美是到处都有的。对于我们的眼睛，不是缺少美，而是缺少发现"（《罗丹艺术论》，人民美术出版社，1978年版，第62页）。我们愿以此为媒介，以此为审美沟通，为人类的文明进步积极贡献，从而赢得大众给予的厚爱和赞誉。

培育一种赏石文化艺术的创造性能力，也必然要求从事赏石文化艺术事业的人才具有一种开放之胸襟。因为每一代人出生的时候，不像动物那样只面对一个由自然和自己肉体所组成的世界，而是面临着一个自然和人类文化交织在一起的、有美、有意义、有价值的世界！每一代人以文化的形式，承继了上一代人的"发现眼光"，于是，我们必须正确地领悟现实的世界，通过赏石文化艺术的美学沟通，发现、开掘并建立起新的文化因子与文化载体！作为发展迅猛，前景广阔，深受大众喜闻乐见的艺术品种——赏石文化艺术，当可在前所未有的美学舞台上展现和放射出夺目之光彩。

新的美学内涵与历史定位

寿嘉华先生在谈到中国赏石文化艺术发展的时候提出的"六个一"的理念，是一个文化学术思想新颖，美学内涵丰富的赏石命题。它启示我们：在实现中华文艺复兴的梦想中，有许多文化资源优势是可以利用的，中国的赏石文化资源优势就是其中之一。

中华民族有悠久的历史，也

2013年8月，中国地质图书馆赏石文化科普活动在北京举行

有丰富的石文化资源。中华民族是一个多民族国家，赏石文化艺术就是其中的一大优势。在挖掘、提升、雕刻并呈现出石文化精品方面，当可实现新的历史飞跃。源远流长的中国赏石文化，也是我们实现中华文艺复兴梦想的宝贵财富之一。我们要深入勘探、采掘、整合、创新、推出华夏不同区域特色的石文化精品，强化石文化研究，宣传石文化名人，扩展"六个一"赏石文化艺术的普及活动，组织丰富多彩、健康有益的民间民俗赏石文化艺术活动，让更多的人了解石

头文化，喜爱石头文化，增强广大民众的认同心理机制和自豪感。正如马克思所说的，艺术的"消费本身作为动力是靠对象作媒介的。消费对于对象所感到的需要，是对于对象的知觉所创造的。艺术对象创造出懂得艺术和能够欣赏美的大众，——任何其他产品也都是这样"（《〈政治经济学〉导言》，《马克思恩格斯选集》第2卷第95页）。的确，从人类社会历史的进程来看，人类文化可谓源远流长，所有艺术皆诞生于人，艺术的目的也在于人。这个平常无奇的命

题，其实蕴含着博大深邃的艺术美学思考：那就是人的高级的精神需要——审美需要。显然，艺术美是人们审美享受的主要来源，是人们的主要的审美对象，只有发展艺术生产，才能更好地满足人们的审美需要。距今二三十万年以前，"丁村人"的圆球及橄榄形石器，不像旧石器时代早期那样没有一定的形状，而是有着比较规整的形状了。又如距今四五万年以前，北京周口店"山顶洞人"的石器形式，已经均匀规整了。不仅如此，还出现了原始装饰品——石

珠、石坠，以及用贝壳、兽牙、鸟骨等磨制、钻孔、截切，涂抹赤铁矿粉加以染色，并且串联而成的各种佩饰物。这就充分表征人类"好美"、"爱美"之观念早已形成，只要联想起约四万年前，克罗马农人朴野斑斓的洞穴壁画和精湛的女性雕像，就会颔首顿悟艺术对于人类的伟大价值。在人类尚没有一切的时代，可以说，惟有艺术。黑暗幽深的漫长进化隧道里，最早升起的，竟是璀璨的艺术明灯。就拿宁夏来说，水洞沟遗址和遗物表明，早在三万年前的旧石器时代晚

期，人类就在宁夏这块土地上繁衍生息，所以说，宁夏也是中华民族远古文明的发祥地之一；大约从五千年起，我们宁夏的文化就出现了南部和北部特征各异的文化。由此可见，美感萌芽于原始人类的劳动生产过程中。那时的劳动工具，如打制过的，尤其是琢磨过的石器、木器，能给人们以形式感上的愉悦，使人们打磨劳动工具时，越来越注意形式上的规整、光滑、顺眼，就表明了这一点。北京周口店山顶洞人由兽骨与贝壳组成的项饰物，展露了美的历程的熹微曙光。随着

人类的创造而不断发展变化，人类对于美的欣赏与创造，紧紧地同生产劳动、社会生活结合在一起，从而形成不同风格的建筑美。这也表征了审美的内涵是动物不可能拥有的。人有审美需要，确实是一个客观的真理。美是人类的专用品，审美是人类的特权，只有人类才知道审美，才产生审美感觉，动物是不知道审美，也不会产生审美感觉的。寿嘉华先生站在从古至今的人类世界文化史脉络高度，将赏石文化艺术高度概括为"六个一"，我们认为这是准确而富有创见的赏

安徽省宿州市举办赏石日研讨会

内蒙古包头市首届观赏石宝玉石博览会精品展厅

石文化艺术理论概括，是对中国赏石文化艺术给予的新的美学内涵与新的历史定位。这"六个一"的赏石文化精神，形成的多姿多彩的石文化审美范畴，是实现中华文化复兴梦想的重要组成部分与特殊表达形式之一。我们应以"六个一"的赏石文化精神，进一步拓展赏石文化艺术的审美空间，把培育赏石文化人才、把拓展赏石艺术审美空间作为实现自己人生梦想的一部分。目前，我们在人民日报出版社的大力支持与帮助下，出版了《中国赏石》一书，发表了赏石专家、赏石爱好者精心创制推举的一批深受群众喜爱的石头精品与文章，其中不乏已在全国获奖的石头精品。由此可见，中国的赏石文化艺术已逐渐成为提高整个

民族文化软实力的重要品牌，是中华文化形象的重要表征。鉴于中华民族赏石文化艺术的历史积淀与前景优势，我们要将"六个一"的赏石精神融入到实现中华文化复兴梦想的实践中去，予以浇铸，加以贯通。

我们观赏石文化艺术领域的幸运之处，就在于有这"六个一"的赏石文化总体审美要求，让赏石文化与经济在发展中并驾齐驱，实现双赢；让赏石文化融入经济，把民族文化产业培育成新的经济增长点，促进区域文化、生态、经济、社会的全面协调发展；让赏石文化在中国的政治、经济、社会发展进程中占有重要的地位和影响；让赏石文化的知识含量与价值在整个国民经济中占有较多的份额；保护与弘

扬优秀的传统文化并开发新的赏石文化资源；培育一大批赏石文化专家和人才，提高广大赏石爱好者的文化学术素养，推进整个精神文明的建设。在当下语境中，我们观赏石文化艺术的历史定位和光荣使命显而易见，我们不仅为实施"六个一"的赏石文化战略而感到幸运，而且为合力推进实现中华文化复兴梦而感到万般自豪。

赏石理念与新的美学资源观

"六个一"的理念，是对赏石文化艺术领域提出的新要求，它将对我们的人生观、世界观、价值观、审美观以及赏石文化艺术事业起着强有力的学术支撑与指导意义。

首先，我们要树立新的赏石文化优势观，在发展中求创新，在创新中求发展。在谈论赏石文化优势时，我们必须对"优势"这个概念有一个新的认识。尽管在各种决策和文本中，"优势"这个概念的使用频率较高，但它的内涵并不是唯一的。它含有"绝对优势"、"相对优势"、"禀赋优势"与"竞争优势"之分。我们观赏石文化艺术领域人才资源集中，人才组合方便，人才门类齐全，这是绝对优势；历史和人民赋予我们特殊的时代使命，不同于一般的民间文化艺

术领域，这是禀赋优势；我们观赏石文化艺术领域在对外学术交流中，具有显著的民间性、简单性、快捷性、灵活性和方便性，比其他文化艺术门类具有更大的空间和余地，这是竞争优势。我们和其他文化艺术门类在整体文化发展中既有共同的目标、相近的任务，也有不同的内容和方式，我们要努力和善于在发展中求创新，在创新中求发展，善于利用民间赏石文化的优势，挖掘人才、培养人才、组织人才，结合实现推进文和实现中华文化复兴的梦想，在赏石文化方面搞一些较大的动作，采用与相关文化领域协同作业或单独进行作业的形式，把石头的"文章"做大做强。如组织以宣传国家形象为内容的国际学术赏石艺术节，举办以"天石"命名的国际学术赏石高峰论坛，举办以宣传国家形象的不同石种流派国际观摩展，举办以中国改革开放以来所积淀形成的"石文化成果"为交流内容的世界华人赏石学术观展，邀请海内外著名赏石专家、艺术家、画家、记者等前来观摩与学术交流等。

其次，树立新的赏石文化形象观，发掘更多赏石精品，留"遗产"，不留"遗憾"。我们只要有丰富的赏石精品，其文化形象就会显得灿烂辉煌。有了赏石文化精品，就会随之诞生采集、发掘这些精品的赏石大家，就会有赏石文化艺术领域的卓越代表，也就有了观赏石文化艺术的外在形象及社会公认的美学坐

中华梦石城（北京）举办了全国赏石日活动

安徽省泗县举办赏石日专题活动

标。如果把赏石文化艺术领域比喻为一棵大树，那么赏石专家与赏石精品就是主干；如果把赏石文化艺术领域比喻成一条江河，那么赏石专家与赏石精品就是主流，其他皆为枝叶与支流。在实现中华文艺复兴的伟大梦想中，如果我们观赏石文化艺术领域能在每个石种门类皆产生一两位杰出的赏石大家，而全国每个所属区域也能推出若干个能够代表赏石领域最高水平的石文化精品，那么，一方面我们可以给整个中华文化复兴提供充足的、健康的、具有审美价值的精神产品；另一方面，这些赏石精品又可直接影响和推动中华整体文化复兴之进程和质量。

可见，多采集和发掘出石文化艺术精品，多做一般人不敢做的事，就是创新的事，就是能出赏石大家的事——这是一个多么富有魅力的崭新目标。我们就是要下大力气发掘出既有时代精神又富有浓郁的中华文化特色，既有全新独创的赏石文化艺术形式，又有为广大赏石群体喜闻乐见之精品，亦即是说，既要"曲高"又要"和众"。为了实现这个宏伟目标，我们一定要强化大局意识，使我们的观赏石文化艺术，以及《中国赏石》一书，能够真正为中华文化复兴而添砖加瓦，使广大赏石爱好者的创造精神得以充分发挥，实现重塑赏石文化艺术美好形象的新目标。

再次，就是要树立"六个一"的赏石文化美学资源观，坚定我们在实现中华文化艺术复兴梦想中的信心。在经济全球化时代，许多"资源"概念皆发生了根本性变化，天赋资源要与知识性、智力性、人才性和创新性资源紧密结合才能发挥作用，或者说，这种作用才能与日俱增。中国是一个多民族国家，从古至今，各民族不断融合，广大人民群众用自己的勤劳和智慧，创造了丰富的物质财富，更创造了宝贵的精神财富。他们在长期的生产和生活实践中，创造并流传下来的各种文化、艺术、风俗、民情等，都会影响、丰富和融进石雕、赏石艺术的审美文化之中，这是我们中华民族文化艺术瑰宝中的重要组成部分。这些深厚的石文化积淀和丰富的石文化资源汇聚在一起，就是我们加快实现中华文化复兴梦想的优势所在、潜力所在、希望所在。我们要以时代新精神，传承和弘扬优秀传统赏石文化，积极整合石文化的各种资源，保持我们整体文化旺盛的生命力。寿嘉华先生通过对祖国各地深入调查和研究，在物质文化和精神文化的主要表现形式上，她将中国赏石文化高度概括为"六个一"。我们以为这"六个一"的赏石文化新理念，与许多文化艺术产品一样，是难以用世俗金钱价值来衡量的，改革开放以来的许多赏石开拓者、鉴赏者就是受这些石文化的吸引和熏陶而为之不辞辛劳、为之终

身奉献的。如今，这些重新被当代赏石者公认的优秀文化资源，是我们谱写中国赏石文化艺术新篇章之精神动力。这是一种崭新的美学资源。当下，我们面临的任务是：认真采集、挖掘、修整、研究、利用这些赏石美学资源优势；同时，培育更高更精湛的新的赏石审美文化资源，坚定信心，奋力拼搏，为实现中华文化复兴的梦想作出应有的贡献。

古希腊物理学家阿基米德有一句名言："给我一个支点，我就能转动地球。"在实现中华文化复兴的梦想进程中，在这个发展的总体目标奋力拼搏中，我们正在积极主动地重新定位，寻找

支点，为中华文化复兴的现代性大业，贡献更多赏石文化艺术带来的美学的精神资源。只要我们按照党和国家重大文化战略部署，解放思想，更新观念，锐意进取，忠于职守，尊重人才，重"石"广"赏"，就能在中华文化复兴的梦想中实现新的目标；开拓进取，就是中国观赏石文化艺术展翅的广阔天空，就是观赏石文化艺术更加辉煌灿烂的盛大节日。

（作者荆竹，文艺理论家，研究员，教授。现为宁夏文联副主席，宁夏作家协会副主席，中国作家协会会员，宁夏文史研究馆馆员）

浙江观赏石协会举办赏石日活动

纳 财

—— 红孩 ◇ 文

宝地风水门庭旺，
财入豪门聚满仓；
招福纳祥常默思，
善心正直吉日长。

题名：纳财
石种：孔雀石
尺寸：40×30×22cm
收藏：沈道林

天赐葡萄

——

赵海荣◇文

此枚葡萄玛瑙晶莹剔透，色彩绚丽，呈浅红至深紫色，显得格外亮丽，半透明硕大的珠玉，犹如串串葡萄。这种浑然天成的自然造化总给人以丰富的想象。

题名：天赐葡萄
石种：葡萄玛瑙
尺寸：26×17×16cm
收藏：石多才

观赏石文化与自己的价值使命

——在第八届杰出华商大会华商500强论坛上的发言

Speech by Du Xuezhi at the Forum of Top 500 Chinese Enterprises of the Eighth World Eminence Chinese Business Association: Values and Tasks of The Culture of Stone Appreciation

杜学智

在经济全球化的今天，我们愿以传播中国观赏石文化为宗旨，以向世界传播中国观赏石文化为己任，把传播中国的赏石文化作为自己的价值使命。我们一直坚持"立足中国西部，面向世界，创新发

天石文化传播集团公司杜学礼代表董事长杜学智在第八届杰出华商大会华商500强论坛上发言

展理念，坚持科学引领，锐意开拓进取，弘扬中国观赏石文化"的原则，不断努力加强对自身文化价值自觉的培育，树立开阔的世界文化眼光，这既是我们的神圣职责，也是我们的价值使命所在。

从20世纪80年代开始，我们就投身于中国观赏石文化领域，并第一次把内蒙古阿拉善观赏石带到广交会，让赏石文化走向世界前台，供世人观赏。在全球化纵深发展的今天，作为一名赏石文化工作者，理应将传播中国的赏石文化视为自己的价值使命。所谓的价值使命，就是要把自己肩负的责任与整个赏石文化紧密地结合在一起，形成强大的综合文化向心力。只有这样，才能有利于提高赏石文化工作者的素养和道德水准，有利于形成企业文化的凝聚力和自我约束力，有利于形成赏石文化艺术事业发展的精神动力和伦理规范，有利于营造良好的赏石文化环境，使赏石文化资源得到最佳配置，从而提高赏石文化艺术工作者的核心竞争力。

我们坚持致力于宣传与主办、协办全国性观赏

内蒙古阿拉善盟云喜顺盟长（左二）、闫鹏部长（右一）考察阿拉善宝玉石民族制品有限公司

石文化活动，积极倡导推动中国赏石文化交流，普及观赏石文化。眼下，我们最主要的任务就是要努力提高自身赏石文化的审美能力，并深入到观赏石鉴赏的实践中去，从实践中不断提高自己的审美鉴赏力。刘勰在《文心雕龙·知音》中说："操千曲而后晓声，观千剑而后识器"，意思是说，演奏了上千首曲子才懂得音乐，观察了上千把剑才能识别兵器。同样，要想懂得欣赏观赏石之美，就必须深入到大自然中去，注意发现观赏石，欣赏观赏石。实践出真知，实践长才干，看多了，经验丰富了，就能逐步提高观赏石的鉴赏水平。在赏石的实践活动中，也要采取理论与实践相结合的方法，多观摩专家对观赏石的命名、题咏和配座，多看专家对观赏石精品之赏

析，尽可能多读一点哲学与文艺美学方面的书籍，提高对赏石的审美特性与基本的赏石美学规律等方面的认识，树立正确的赏石文化观。这样，就可能使我们在赏石文化实践中，既知其然，又知其所以然，从根本上提高我们

的赏石文化水平。赏石与其他艺术欣赏皆是相通的，我们要多欣赏各类艺术作品，如绘画、摄影、雕塑、诗歌、音乐、盆景等，还要多欣赏自然山水之美，要从"美"的海洋里，从多方面吸取"营养"，从而进一步培育我们的审美意识，提高我们欣赏美、创造美的能力。

为了有效提高观赏石鉴赏能力，还必须不断增加相关知识的储备。有了一定的知识储备，赏石中的各种审美心理活动才能自由地舒展开来；有了一定的知识储备，才能对赏石的艺术特性有深刻的理解，从而更深刻地感受它的美；有了一定的知识储备，才可能在赏石时"神与物游"、"浮想联翩"；只有懂得历史，才能"思接千载"，只有阅历深厚，才能"视通万里"，并在

2011年杜学智（右二）参加香港国际矿晶展

张贤亮（中）、李俊章（左）、杜学智（右）探讨赏石文化

此基础上创造出丰富新颖的审美意象与意境。我们的赏石文化工作，理应有各自的生存环境，应该具有古人所说的"读万卷书，行万里路"的精神，尽可能地多看、多听、多记，见多识广，才能有效地提高赏石实践的能力。

20世纪90年代，我们创建了内蒙古第一家观赏石馆（即阿拉善奇石馆），并参加了广州、西安、北京、银川等国内外大型观赏石展览会活动，赢得了中国观赏石界的广泛赞誉。作为国内观赏石、宝玉石行业的老牌企业，我们的产品有天石牌天然水晶饰品系列等数十种，而水晶石眼镜系列历史悠久，声名远扬，是著名的阿拉善民族工艺文化品牌。

"俏色巧雕"，一直是中国玉雕工艺的绝活。近年来，我们生产经营的阿拉善俏色巧雕玛瑙，已经成为人们争相关注的亮点。经过雕刻师们巧夺天工的艺术设计与风格打磨，使这些普普通通的石头，已经彰显出别具韵味的审美价值。我们在观赏石配座设计过程中，采用了国内最先进的雕刻机械和技术，选聘雕工精湛的观赏石配座工艺雕刻师，他们对浮雕、深雕、立体雕、镂空雕等品相精工细作，精益求精。我们所做的这一切，都是以推动中国观赏石文化不断繁荣发展为己任，充分发挥网络媒体资讯传播、舆论引导、受众联络、市场推介的作用，以弘扬中国赏石文化精神，推动赏石文化发展，普及赏石文化知识，促进赏石文化创意产业，培育赏石文化市场健康有序成长，开展赏石文化理论研讨，关注赏石文化现象，聚焦赏石文化热点，注重人文理想，注重学术前沿。为了达此目的，我们筹划编辑出版的《中国赏石》一书，就是要向海内外公开传达这一信息。我们感到，在中国观赏石领域，集中体现了艺术性、科学性、群众性和深厚的历史文化哲学底蕴，好的观赏石，能够净化人的灵魂，陶冶人的情操。当下的观赏石活动，对我们而言，已不仅仅是职业，而是一种审美创造和审美享受，是人生境界的升华，是构建人与自然、人与社会和谐的重要组成部分。

为了实现中华文化复兴梦，我们的观赏石文化就一定要走向世界，成为"世界精神"的一部分。我们华夏子民，对赏石文化情有独钟，善于从观赏石中发现艺术的审美价值、文化的韵味、历史的沧桑，以及山川万物的风采，把科学与美学的元素融会贯通，透过观赏石呈现出来。我们将始终不渝，坚持文化交往理性，不断为中外专家学者，提供一个积极健康向上的文化交流平台，大家尽管可以在这里各抒己见，沟通理解，让中西文化在这里会晤、碰撞、交融，使之成为一个人类文化命运的共同体！

让我们携起手来，共同努力，一起走向世界美好的未来！

题名：百财
石种：阿拉善玉
收藏：石博

蓬勃发展的
阿拉善观赏石文化产业

Alxa League's Booming Industry of Stone Appreciation

内蒙古阿拉善左旗人民政府

中国观赏石协会寿嘉华会长参观2013年阿拉善玉·奇石文化旅游节精品展

　　阿拉善，蒙古语意为五彩斑斓之地。阿拉善左旗（以下简称"阿左旗"）位于内蒙古自治区西部，与蒙古国接壤，是全自治区19个少数民族边境旗之一，总人口15万，总面积80412平方公里，国境线长188.68公里。阿左

旗历史悠久、文化璀璨、民风淳朴、风景秀丽、资源丰富，素有"塞外小北京"之美誉。这里是中国首个"观赏石之城"，也是中国唯一的"骆驼之乡"、"肉苁蓉之乡"。2009年，阿拉善沙漠国家地质公园成功晋升为全球

唯一的沙漠世界地质公园。

　　多年来，阿拉善左旗委、旗政府深入贯彻落实科学发展观，大力弘扬"顾全大局、无私奉献、坚韧不拔、艰苦奋斗"的阿拉善精神，全旗现代农牧业稳步发展，工业经济增势强劲，第三产业繁荣活跃，城乡一体化扎实推进，基础设施日益完善，生态环境持续改善，城镇面貌焕然一新，城乡居民生活水平显著提高。2012年，阿左旗综合经济实力在西部百强县排名第27位，跻身中国西部最具投资潜力百县第10位。特别是观赏石产业的蓬勃发展，在促进农牧民转产增收、扩大社会就业等方面发挥了积极作用，成为阿左旗经济发展和产业结构调整的新亮点之一。

　　阿拉善左旗独特的地质构造和亿万年的地质变迁，造就了形态各异、色彩绚丽的阿拉善

奇石。阿拉善奇石主要分布于阿拉善左旗北部乌力吉、巴彦诺日公一带，以地表石、山采石两大类估算，总储量在400万立方米以上，并不断有新的石种和新的产地发现，资源潜力巨大。中国五大类观赏石在阿拉善均有发现，其中最为珍贵的当属葡萄玛瑙。它流珠挂玉，犹如晶莹的葡萄，让人摘而不忍，而阿拉善左旗正是这种宝石在全国唯一的产地。阿拉善奇石最大的特点就是"奇"：一是形奇，它"克隆"世间万物，惟妙惟肖，充分表现出自然界造化之奇；二是质奇，经受了沙漠戈壁恶劣自然环境的侵蚀，留下了千锤百炼、品质卓越的奇石精华，所以就有了"千种玛瑙万种玉"之说；三是色奇，色泽之美似乎汲取了自然界所有的自然色彩，不浮不飘，凝重浑厚；四是稀奇，"物以稀为贵"，罕见难得，无法再造，才称之为奇，阿拉善观赏石"小鸡出壳"更是创造了赏石界

之奇迹；五是神奇，大漠的雄浑，戈壁的坦荡，环境的残酷，造就了阿拉善观赏石独特的神韵，不饰雕琢的展现了返璞归真、天人合一、人与自然和谐相处的意蕴。

20世纪70年代中期，阿拉善奇石开始被人们认识并被小规模开发，90年代中期揭起奇石开发高潮，开采形式由捡拾地表石升级到开山采石，开发面积由几平方公里扩展到近1500平方公里。目前，全旗建成有"阿拉善石博园"、"奇石一条街"、"万家福奇石市场"等6个较大规模的观赏石交易市场，占地面积近2万平方米。2013年，总投资18亿元的大漠奇石文化产业园开工建设。据不完全统计，目前全旗观赏石商铺多达1850多家，家庭观赏石经营户也达到1700多户，从业人员逾4万余人，每年，来自12个国家和全国各地的观赏石爱好者汇聚于此进行交易，年交易额3亿多元，已经成为全

内蒙古阿拉善盟行政公署盟长冯玉臻对阿拉善玉给予极高评价

国最大的观赏石交易市场和集散地之一。同时，在盟府巴彦浩特初步形成了清洗、喷沙、打磨、配座、修补、加工、销售等相关产业共同发展的配套产业链，并以此带动了经贸、文化、旅游、物流、信息、中介等第三产业的繁荣发展。初步统计，2005年以来，阿拉善观赏石文化旅游产业累计综合经营收入达17亿元。观赏石产业逐步成为我旗的重要产业和推动全旗经济增长的有力支撑点。

为促进观赏石产业健康有序发展，阿左旗制定出台了一系列扶持观赏石产业发展的政策，充分发挥协会及行业组织的积极作用，对珍稀观赏石资源实行保护性开发，初步形成了政府引导、市场主导、行业自律、社会参与的良性发展格局，营造了良好的观赏石市场环境，为观赏石文化产业的可持续发展奠定了重要基础。

在全力推进观赏石产业发展的同时，阿左旗立足实际、因地制宜，积极探索提升阿拉善宝玉石精深加工水平和附加值的新路径，充分利用丰富的奇石资源，大力发展宝玉石产业，采取加大从业人员培训力度、创建创业孵化基地等举措，以阿拉善宝玉石为原料进行首饰品、巧雕工艺品加工和销售，推动阿左旗宝玉石产业由原料销售加快向精深加工转型。2005年以来，阿左旗以石为媒，保护观赏石精品，弘扬赏石文化，通过"政府搭台、市场运作"形式，连续成功举办九届奇石文化旅游节，使阿拉善观赏石在国内、国际赏石界的影响力与日俱增。如今，全国各大石展都有阿拉善观赏石参展的身影，与此同时，全国各地的观赏石协会也积极组团来阿拉善参观考察、切磋交流。

阿拉善奇石的收藏和热销，促进了观赏石理论的研究和文化的发展。中国观赏石协会与中央电视台联合摄制的《石说华夏——寻找大漠玛瑙湖》、阿拉善盟委宣传部会同赏石协会出版发行的《阿拉善奇石》画册、《石友》等知名杂志发表的《见证阿拉善大滩》等多篇文章，引起社会各界特别是赏石界的强烈共鸣。阿左旗积极挖掘阿拉善奇石"返璞归真、天人合一、人与自然和谐相处"的意蕴，将之与"顾全大局、无私奉献、坚韧不拔、艰苦奋斗"的阿拉善精神以及多元、厚重、包容的区域特色文化相融合，着力打造观赏石文化名城，并使之成为展现阿拉善精神文明建设成果的"窗口"和扩大对外交流的"名片"。

观赏石文化已成为阿拉善的一种文化。随着观赏石产业的不断发展扩大，阿左旗将制定观赏石资源保护性开采中长期规划，鼓励和支持企业对未探明、待开发的区域实施探矿，并严禁无序采挖观赏石。同时，进一步完善扶持观赏石产业发展优惠政策，使观赏石产业规模化、产业化基础更加牢固，增强观赏石文化产业吸纳就业的能力，让更多的农牧民和富余劳动力实现转移、转产就业，实现观赏石产业的持续发展和"富民强旗"；设立保护性基金，将一些极具文化价值、审美价值、收藏价值的精品观赏石评估定价、建档收藏，留住阿拉善观赏石珍品，使"中国观赏石之城"实至名归；充分发挥"中国观赏石之城"文化品牌效应，利用媒体及各类知名石展、玉雕艺术品大赛等活动平台，扩大阿拉善观赏石、宝玉石的影响力和阿拉善赏石文化传播范围，进而打造"中国彩玉之都"这一全新的地域和城市文化品牌，使阿拉善观赏石产业与宝玉石产业并驾齐驱，协调发展。坚持不懈地办好阿拉善玉·奇石文化旅游节，努力将之办成经典的品牌盛会，将其打造成全国性乃至国际性的观赏石展会。坚持政府引导、协会组织，筛选一批精品观赏石走进中央电视台《鉴宝》等栏目，充分挖掘阿拉善观赏石经济价值和文化价值；邀请赏石界知名人士担任顾问，定期举办观赏石鉴赏、拍卖、展示、展销及经营发展论坛等活动；发动广大石友积极参加观赏石鉴评师培训班，提升鉴赏能力，培养观赏石经营服务专业团队；积极申请将阿拉善玉纳入国家宝玉石名录，邀请相关知名学者和中国权威鉴定机构对阿拉善宝玉石进行鉴定、分类，取得珠宝玉石首饰鉴定证书；探索将阿拉善玉同金、银等贵金属结合，发展珠宝首饰等产业，进一步拓宽阿拉善宝玉石产业发展的领域；加快巴彦浩特"生态、宜居、宜会、宜游"城市建设步伐，依托现有阿拉善沙漠世界地质公园、自然文化遗产及良好的景区基础条件，完善服务功能、提升接待规格、提高服务质量，全力服务于观赏石文化产业的发展。

题名：曹冲称象

题名：传承
石种：铁钉石
收藏：石博

灵兽

—— 红孩 ◇ 文

二十八宿星象图，
阴阳原来是本宗；
白虎青龙天地魄，
运宝搬精入上宫。

题名：灵兽
石种：玛瑙
尺寸：11×8×7cm
收藏：石博

赏石文化发展与媒体传播

On the Development of Stone Culture and Media Communication

杜学智◇文

中国观赏石协会网站

一种文化门类的兴盛与衰落归根到底是由其经济基础决定的。神话的产生反映了原始人对大自然之敬畏；而随着生产力的发展和人类对自然征服能力的提高，这种文化会逐渐失去吸引力。我国宋代话本小说的兴盛，是由当时城市经济的发展决定的。传播方式的发展始终是伴随生产力发展而发展

的，例如神话是以口头传播为主，话本小说是与活字印刷术的发明同步的。作为科技进步的产物，传播方式，对一种文化的兴衰一直起着重要作用，如电子传媒技术的不断发展对赏石文化起了促进作用。对麦克卢汉忽视传播内容而神化传播技术的技术决定论，我们虽然不敢苟同，但在传播科技飞速

中国观赏石协会会刊——《宝藏》

发展的今天，传播方式的确成为赏石文化发展的重要客观原因。

赏石文化在20世纪80年代兴起之时就已经受到了各种媒体的关注，众多报刊、电视、互联网和赏石界自己创办的赏石类杂志报刊等，皆以不同的传播方式推动了赏石文化的发展。在某种情况下，赏石文化这一审美活动正是适应新媒体传播方式而兴起的一种崭新的文化形式。我们中国观赏石协会网，从2010年底起就正式推出了网刊，通过赠阅石友而回馈网友，覆盖了较大的网络赏石群体，并利用网刊这一联动形式凝聚了广大赏石爱好者的积极性，吸引了一大批中国观赏石鉴评师与学员，及全国广大观赏石爱好者积极参与。2012年，我们网站又与内蒙古电视台《石藏天下》栏目合作，对赏石文化行业的人物、石展、赏石交流等活动进行每周一期的视频报道宣传。此一合作，在广大赏石爱好者中间产生了一定的影响。网络、网刊与电视视频的出现，为普通赏石爱好者提供了阐述赏石文化的机遇，在全国赏石界产生了较大反响。除了利用最新的传播方式，我们还充分发挥传统出版方式的力量。2013年，我们与人民日报出版社合作，推出了大型赏石文化丛书——《中国赏石》。这些自办或其他媒体的联动方式，对中国赏石文化的传播起到了推动作

与内蒙古电视台合作视频栏目《石藏天下》

用，提高了大众的赏石能力。

每一种传播方式都与不同的文化形态相适应，因此每一种文化艺术在选择传播方式时皆应注意适合自己的特点。对赏石文化产生重大影响的当代媒体中，纸质媒体与互联网都是重要的传播方式，纸质媒体可以随时拿出来观赏，启发观赏者的想象力；电子媒体是视听合一，既见其石又可听其声，易于吸引赏石爱好者参与。可见，观赏性、视听性皆能推进赏石文化的有力发展。这就说明，中国赏石文化发展与媒体传播紧密相关，庶几可谓鱼水关系。在日益发达的拟态环境里，人无力验证每一个信息，在这个意义上，可以说传播媒介决定一切。每个人都有趋向安逸地获取信息的心理，甚至懒于思考，但从人自身生态平衡之角度，应保持多种感官之功能，提倡多种赏石文化方式的多元发展。从赏石文化自身发展来讲，排除功利目的，不赶

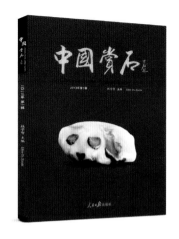

《中国赏石》第一辑

时髦，立足自身特点聚焦大众传媒，才能扩大受众，促进自身发展。传播方式是每一种文化发展的"双刃剑"，它既可以让一门文化发扬光大，也可以使它失去自我、丧失受众。传播并不决定一切，但每门文化艺术对传播媒介的态度对它自身之发展有重要影响。在多种传播媒介和多种文化艺术共时性发展的今天，媒体对赏石文化的考验更为严峻。多种传媒、多种文化，意味着人的多种诉求与需要，而这也将成为人的全面自由发展之前提，也是构筑和谐社会的基础。因此，无论站在人、赏石文化和传媒哪一个角度，只有坚持科学的审美意识，才能实现自身与外界的"双赢"，实现和谐发展。

忠盔

红孩 ◇ 文

此石圆润饱满，质地细腻，形似战争年月士
兵的钢盔帽。底座肃穆、端庄，仿佛战争纪念
碑，它在警示人类铭记历史，维护世界和平，让
"耕牛朝挽甲，战马夜衔铁"的历史不再重演。
小孩无虑地在屋前玩耍，母亲缝着衣服，父亲修
剪着园中花草，那时光永远是快乐的。

题名：忠盔
石种：古陶石
尺寸：15×15×10cm
收藏：刘勇

天涯海角

张建刚◇文

此方彩灵璧石质细腻，肤滑如玉，温润可人。石形也极具特色，耐人寻味。

石的中央如同岛屿，岛屿右侧地势渐趋平缓，可垂钓、可戏水，一派仙人闲居之地的壮阔深远，清幽静谧。石的左侧极似莲花怒放，片片花瓣精致优雅，仿佛可以看到慈悲的观音端坐于上，圣洁的光芒普照这座仙界般的岛，一切如同幻境却又如此真实地呈现在这方石上。

题名：天涯海角
石种：彩灵璧
尺寸：120×70×68cm
收藏：张跃

试论赏石人的"中国梦"

Hopes From A Chinese Connoisseur of Stones

俞莹◇文

当代赏石人的梦想和愿景，我想主要就是将赏石文化发扬光大，融入到主流社会和主流文化之中，作为一门学科进入到高等教育体系，跻身于高雅的科学与艺术殿堂以及艺术品拍卖市场，成为文化产业的重要组成部分，并申报成为国家级非物质文化遗产。

Connoisseur of stones and gems in modern China hopes to promote the culture of stone appreciation into the mainstream culture, build a relevant curriculum in China's higher educational system, raise it to the higher level of science and art collection and see it be pursued in the auction market of fine arts, so that it constitutes a major part of our cultural industry and, after application, becomes a part of our national intangible cultural heritage.

中国梦，是2012年11月29日，新一届中央领导集体在国家博物馆参观《复兴之路》展览过程中，习近平总书记发表的重要讲话之一。习近平总书记定义"中国梦"——实现伟大复兴就是中华民族近代以来最伟大梦想。在第十二届全国人民代表大会第一次会议上，他还用了"三个必须"来指明实现"中国梦"的路径：实现中国梦必须走中国道路；实现中国梦必须弘扬中国精神；实现中国梦必须凝聚中国力量。（《人民日报》2013年3月18日）

"中国梦"深刻道出了中国近代以来历史发展的主题主线，深情地描绘了近代以来中华民族生生不息、不断求索、不懈奋斗的历史。"中国梦"的本质内涵，是实现国家富强、民族复兴、人民幸福、社会和谐。"中国梦是民族的梦，也是每个中国人的梦。"无疑也是我们赏石人的梦。

一

作为具有悠久历史价值的赏石文化，发源自中国，传播至海外。赏石文化是中国传统文化的组成部分，也是我们祖先对于世界文化艺术的一种独特

苏州吴江静思园镇院之宝——灵璧石庆云峰

贡献。目前海内外赏石爱好者不下数千万，并形成了许多不同流派、不同地域特色，其社会影响力与日俱增。特别是改革开放以来，我国的赏石活动从古代封闭式的、局限于文人士大夫的一种小众型的雅文化，演变成为一种自下而上各阶层皆参与的大众型的雅俗共赏文化，发展成为一种精英文化与大众文化相结合的形态，这是我国赏石文化发展历史的一次质的跨越。

当代赏石人的梦想和愿景，我想主要就是将赏石文化发扬光大，融入到主流社会和主流文化之中；将赏石作为一门学科列入到高等教育体系，跻身于高雅的科学与艺术殿堂以及艺术品拍卖市场，成为文化产业的重要组成部分，并申报成为国家级非物质文化遗产。

目前当代赏石界面临最大的文化困境，莫过于赏石文化尚未真正进入主流社会。虽然我们已经评选产生了35个中国观赏石之

乡（城）以及16家中国观赏石基地，观赏石精品也早已跻身一流艺术殿堂。但从整体上讲，观赏石还未能与主流文化真正接轨。

首先，从观赏石的影响力来看。如果说，古代赏石作为一种独立的艺术样式，以其充满抽象的和表现的现代艺术意味"曾经深刻地影响了中国悠久的绘画、雕塑、园林以及工艺历史，但又突现于西方的艺术学界并引起强烈的震撼"（丁文父《中国古代赏石》绪论）的话，那么，当代

摩尔石是当代赏石之中极具世界艺术语言的石种（黄云波藏）

号"，莫过于观赏石学科的正式确立。目前虽然有一些高校推出了观赏石学科教材读物，但大多各自为政，缺乏统一规范和科学系统性。观赏石标志性的硬件"符号"，莫过于观赏石博物馆的建设。虽然各地（包括无锡中华赏石园）都在积极策划推出观赏石博物馆，但严格意义来说，目前尚没有一个真正能够系统反映古往今来赏石历史和文化的高规格的博物馆。此外，观赏石（精品）还没有真正意义上跻身于国家级的美术、博物馆艺术殿堂，与其他艺术品门类同台竞美。

二

与此同时，我们也欣喜地看到，近年来在中国观赏石协会的倡导和引领之下，我们正在离赏石人的"中国梦"越来越近。

赏石目前尚无法深刻影响其他艺术门类或是学术界，而且，反而是其他艺术门类在深刻影响着当代赏石的命运。即使说有影响的话，当代赏石也不过是从观赏石的产业化、市场化开发的角度影响到一些观赏石产地的旅游文化产业开发，但无论是其规模经济、集约化程度还是规范经营等方面来看，当代观赏石尚不足以形成一个有影响力的产业。

其次，从整体来说，当代赏石尚未成为一种文化事业，一种精英主导的文化。当前观赏石的收藏可谓普及有余，提高不足；

热闹有余，思考不足。参与者普遍缺乏文化素养、艺术眼光的滋养和熏陶，他们当中追求趣味审美的较多，浅阅读式观照的较多，注重投资保值功能的较多，但缺乏专项资金扶植。当代赏石艺术更没有形成一套完整科学的理论体系以及价值（价格）评估体系，无法完全进入主流的艺术品拍卖市场。屡屡曝出的所谓"天价奇石"更是反映出当今赏石界的浮躁、浮夸、浮华之风。

再次，当代赏石尚缺乏一系列标志性的软硬件"符号"。观赏石行业具有标志性的软件"符

近年来，在中国观赏石协会的倡导之下，观赏石行业的参与者明显增多，各地观赏石组织建设明显增强，观赏石产业化进程明显加快，赏石文化理论研究明显加深，观赏石促进群众身心健康的"健民"功能、提升群众人文素养的"育民"功能、帮助群众发家致富的"富民"功能等得到明显提升，"一方石头和谐一个家庭，一方石头汇聚一批朋友，一方石头造福一方百姓，一方石头传承一种文化，一方石头弘扬一种精神，一方石头拓展一

个产业"的新赏石理念更加深入人心。无论是从赏石参与者的角度来看，从企业家的广泛参与来看，还是各级政府乃至中央部委的重视来看，目前赏石文化正处于历史上最好的时期，堪称是赏石文化历史上的"盛世"。

作为观赏石行业性的全国性社会组织，中国观赏石协会积极团结全国从事赏石活动的单位和个人，坚持继承与创新结合，普及与提高结合，科学与艺术结合，文化与经济结合的原则，加强国内外交流与合作，为推动我国观赏石事业和产业健康发展服务作出了巨大的贡献。

中国观赏石协会"十二五"发展规划纲要中提出的坚持理论研究和创新，大力宣传和普及绿色赏石理念，实施赏石文化创新工程，调整市场结构，转变经营模式，以创新理念支持办好各类石展等要点，都是具有时代性、创新性、引领性的思路。同时，协会为赏石文化创新工程制订国家鉴评标准（已经正式启动），编纂出版《当代中国观赏石石谱》（《中国石谱》已经正式启动），建立观赏石学科，培养高水平的专业人才，开展《中华名石》评选活动，适时启动"全民爱石日"（全国赏石日）活动（2012年8月30日已经正式启动），探索建立观赏石命名审定委员会（已经正式启动）等项

目，还有最近和发改委价格认证中心共同启动的"观赏石价格评估专业人员资格认证培训教材编写"等工作，充分体现了中国观赏石协会作为观赏石行业全国性社会组织的引领性、超前性。这些都是和赏石人的"中国梦"有机结合的重要组成部分。可以说，中国观赏石协会是赏石人实现"中国梦"的重要载体，她正在引领赏石人实现"中国梦"。

三

目前，观赏石在美化城市环境、普及地质知识、提升群众文化品位、带动地方经济发展等方面发挥着越来越大的作用，成为人们新的精神文化追求。观赏石所具有的科学、教化功能，还可以极大地激励人的创造精神，陶冶人的气质情操，对落实科学发展观、构建和谐社会具有重要意义。作为可持续发展和科学发展的愿景，我认为观赏石产业今后发展的方向应该是向文化产业接轨，并成为文化产业的一个组成部分和新的发展亮点。

文化，在我国原来一直被视为一种事业，直到近年来才出现了文化产业的说法。世界各国对文化产业并没有一个统一的说法。联合国教科文组织文化产业的定义是：文化产业就是按照工业标准，生产、再生产、储存以及分配文化产品和服务的一系列活动。我国现在的文化产业标准是2004年国家统计局颁发的《文化及其相关产业分类》。《文化及相关产业分类》将文化及相关产业概念界定为：为社会公众提供文

2013年底，在银川御景华宴赏石会所举办迎新春名家书画雅集活动

柳州奇石馆是中华石都柳州的地标性建筑，图为其内景

化产业，激发全民族文化创造活力，更加自觉、更加主动地推动文化大发展大繁荣。2009年7月22日，国务院常务会议讨论并原则通过《文化产业振兴规划》。第一次把文化产业纳入国家战略发展规划，指导思想之一是推动文化产业又好又快发展，将文化产业培育成国民经济新的增长点。无疑，这也为观赏石产业的做大做强提供了难得机遇和指明了发展方向，这也是观赏石提升影响力和附加值的重要途径。

化、娱乐产品和服务的活动，以及与这些活动有关联的活动的集合。文化产业被认为是投资回报最好而且低碳环保的行业之一，是自主创造和技术含量高的一个门类，资本盈利率比较高。

其实，观赏石行业所涉及的勘探、采集、开发、加工、配置、组合创作、经营、收藏、鉴赏、展示、评估、拍卖、研究、出版等活动，是一条很长的产业链，所涉及的很多方面和形态都与文化产业相关，完全符合文化产业的特质，此外，作为文化产业中真正创造巨额价值部分的创意产业，也与观赏石的深度开发创作密切相关。而文化产业目前正是我国各级政府大力提倡和扶持的。"十一五"规划把文化产

业作为调整经济结构的重要举措，从中央到地方出台了一系列鼓励文化产业发展的政策措施。党的十七大明确提出，要积极发展公益性文化事业，大力发展文

四

我认为，观赏石要真正走进主流社会，成为主流文化，其标志性的举措莫过于申报成为国家级非物质文化遗产。

从2006年起，国务院决定每

雨花石是南京的市石，也是南京市的"非遗"项目（征争藏）

年六月的第二个星期六为我国的"文化遗产日"。按照国务院办公厅关于《国家级非物质文化遗产代表作申报评定暂行办法》的规定，非物质文化遗产指各族人民世代相承的、与群众生活密切相关的各种传统文化表现形式（如民俗活动、表演艺术、传统知识和技能，以及与之相关的器具、实物、手工制品等）和文化空间。其中国家级非物质文化遗产代表作的申报项目，应是具有杰出价值的民间传统文化表现形式或文化空间；或在非物质文化遗产中具有典型意义；或在历史、艺术、民族学、民俗学、社会学、人类学、语言学及文学等方面具有重要价值。

赏石习俗作为中国传统文化的组成部分，与传统书画、园林、文学、雕塑、盆景、家具等艺术形式关系尤为密切，互为补充，互为影响，成为一种特有的文化现象和具有稳定心态的文化传统，唐宋以来传承有序，不断创新，影响波及海外，无论是赏玩理念还是评判标准都有实践和理论的指导，它是古代中国人关注自然、珍惜自然、崇尚自然、师法自然的生动写照。不但如此，我们对于以瘦皱透漏丑为审美取向的古典赏石的鉴赏，开启了世界抽象艺术创作和鉴赏的序幕，历久弥新，得到了当代西方主流社会的认可。毫无疑问，

赏石习俗已经基本具备了国家级非物质文化遗产的标准，随着中观协一系列赏石文化创新工程的完成和完善，将其申报"非遗"，对于推动赏石文化传统的保护与传承，展示中国人文传统的丰富性，增进国际社会的认知和交流合作等，都具有重要的现实意义，而且这方面已有先例。

早在2007年11月，南京雨花石鉴赏习俗就已入选南京市第一批市级非物质文化遗产名录，成为观赏石中的首例。2011年4月，泰山石敢当习俗被列为国家级非物质文化遗产保护项目。石敢当习俗起源于上古时期的灵石崇拜，先后经历了早期石敢

当的萌芽阶段、石敢当的变异阶段和兴盛阶段三个时期。明代以后，石敢当信仰与东岳泰山崇拜紧密结合，由"石敢当"发展到"泰山石敢当"，其功能也经历了从最早的"镇宅"到"化煞"再到"治病"、"门神"、"辟邪"、"防风"等的转变。泰山石敢当所表现的"吉祥平安文化"体现了人们普遍渴求平安祥和的心理，体现了中华民族的人文精神和文化创造力。

赏石习俗申报国家级非物质文化遗产，既需要中国观赏石协会统筹兼顾、引领全局，也是增进赏石界文化认同和凝聚力的一个工程，更是观赏石收藏真正成为主流文化的一个标志。

当代雕塑家展望不锈钢雕塑"假山石"

金色童年

孙福新 ◇文

每个人都有一个天真无邪的欢乐童年。

自由自在、无忧无虑的生活，总让人念念留恋而挥之不去。

那是人生中一曲最美丽的乐章。

此件彩色大理石，其变幻的色块构成了一幅优美的青春少女图；轮廓分明、姿态娴雅，头部、身形、衣裙，其细部特征表现的十分生动到位。这大自然瞬间的完美造就，相信足以让任何一位绘画大师叹其项背。

题名：金色童年
石种：云南大理石
尺寸：45×39×7cm
收藏：孙福新

呼啸

第广龙 ◇ 文

熟落的秋天，被时光的手
拧了一下，在石头的深处
果实，并未全部凋零
朵朵疤痕，已经失去了
最初的颜色，生长停住了吗
假如被风中的火焰，再次唤醒
会开花，汁液鞭子般迸溅
就连深埋的根，也会呼啸

题名：呼啸
石种：铁钉石
尺寸：22×16×6cm
收藏：吴坤连

赏石文化的渊流、传承与内涵
——魏晋南北朝时期的赏石文化

On Origin, Tradition and Connotations of Stone Appreciation Culture:
Focused on the Period of Six Dynasties

文 甡◇文

中国古典赏石文化脱胎于六朝时期的山水文化，而山水文化又是中国独特审美思想的渊流，同时又涵括了当时玄学与佛学等文化领域，因此说，中国古典赏石，径直就是一种中国特有的文化现象。当我们推开历史厚重的大门，沿着悠远的曲径漫步，便可看到自然的空明和人格的风骨，这就是中国古典赏石的精粹。

The culture of stone appreciation evolved from the landscape culture of the Six Dynasties period. Landscape culture served as a source of our traditional artistic views and covered such cultural areas as Metaphysics and Buddhism. As a consequence, the classical stone appreciation is a cultural phenomenon unique in China. In view of evolution of the culture, the article holds that the core of stone appreciation lies in the openness of nature and the strength of the character.

历来文化艺术的形成与发展，都离不开当时特殊的政治环境，赏石文化也不例外。中国古典赏石文化脱胎于六朝时期的山水文化，而山水文化又是中国独特审美思想的渊流，同时又涵括了当时玄学与佛学等文化领域，因此说，中国古典赏石，径直就是一种中国特有的文化现象。当我们推开历史厚重的大门，沿着悠远的曲径漫步，便可看到自然的空明和人格的风骨，这就是中国古典赏石的精粹。

魏晋南北朝时期的赏石文化（公元220-589）

历史上的"六朝"，是指公元220年曹丕建魏、公元265年司马炎建西晋、公元317年司马睿建东晋、公元420年刘裕建宋，史称"刘宋"，开启了"南朝"历史，历经宋、齐、梁、陈。魏时东吴在建业（今南京）建都，东晋、宋、齐、梁、陈都是在建康（今南京）建都，所以南京又称六朝古都。

同时，北方尚有少数民族建立的"北朝"和"十六国"，这一时期从公元220年始至公元589年止，先后360余年，史称"魏晋南北朝"。

士子唯美思想的滥觞

已故美学大师宗白华在论及晋人之美时说："汉末魏晋六朝是中国政治上最混乱、社会上最苦痛的时代，然而却是精神史上极自由、极解放，最富于智慧、最浓于热情的一个时代。因此也就是最富有艺术精神的一个时代。"这是一个中国历史上社会激烈剧变的时代，西晋的"八王之变"导致东晋南迁、南北分裂、五胡十六国割据、战争不断、朝代频繁变更，酿成社会秩序解体、传统礼教崩溃。与此同时，士人逃避残酷的战争与政治，悠游山水和体认生命成为潮流。思想和信仰的自由、艺术创造精神的勃发，激发了文化的空前繁荣。南迁汉人的东晋士族，正是这种文化的代表，并创造了士人独特的美学思想体系。

晋人以虚灵的胸襟、玄学的意味体会自然、将自身融于山水之中，这一时期文化的代表就有，王羲之父子飘逸神秀的书法、顾恺之和宗炳的山水画、谢灵运和鲍照的山水诗、陶渊明的田园诗、郦道元的《水经注》等，都与自然山水结下不解之缘。刘义庆的《世说新语》和刘勰的《文心雕龙》，将晋至南朝的美文奇事记录下来，并给予系统的梳理。两书代表了当时美学思想的最高水平，成为后人研究晋人特有美学思想的教科书。

山水审美与"风骨"

六朝是个唯美的时代，晋人在外发现了自然之美，在内发现了人格之美。南朝钟嵘《诗品》引文说："谢诗如芙蓉出水，颜诗如错采缕金。"谢灵运与颜延之山水诗的不同风格，后来被延伸为两种不同的美学风格。文学界认为，陶渊明的山水田园诗为天然之韵，被称为美学和人格的最高境界。人格与"风骨"相连，是晋人的创造。南朝宋皇族刘义庆《世说新语》说："羲之风骨清举"。"风骨"这一概念原指由形体外貌所表现出来的风度和气质之美，后来演变为施于各种文化艺术的溢美之词，进入独特内涵的美学范畴。

唐人有诗："寒姿数片奇突兀，曾作秋江秋水骨。"将奇石与风骨联系起来。宋人首倡石瘦为美。美学家朱良志在《真水无香》中说："石是有风骨的。瘦石一峰突起，孤迥特出，无所羁绊。一擎天柱插清虚，取其势也。如一清癯的老者，拈须而立，超然物表，不落凡尘。"清人板桥题石："老骨苍寒起厚坤，巍然直拟泰山尊"、"气骨森严色古苍，俨如公辅立朝堂"，以石之气骨喻文人风骨卓然也。

《桃花源》石牌坊

陶渊明故居前柴桑桥遗址

山水与园林赏石

六朝的山水文化，从自然山水已经向园林文化迈进。北魏（北朝）杨衒之《洛阳伽蓝记》，载当朝司农张伦在洛阳的"昭德里"："伦造景阳山，有若自然。其中重岩复岭，嵚崟相属，深蹊洞壑，逦递连接。"张伦所造石山，已有相当水准。晋征虏将库石崇在《金谷诗序》中描绘自己的"金谷园"："有别庐在河南界金谷涧中，或高或下。有清泉茂林，众果、竹、柏，药草之属，莫不毕备。又有水碓、鱼池、土窟，其为娱目欢心之物备矣。"清泉、碓石、林木、洞窟俱全，已是园林模样。《南齐书》记载南齐武帝长子文惠太子，在建康台城开拓私园"玄圃"。园内"起出土山池阁楼观塔宇，穷奇极力，费以千万。多聚奇石，妙极山水。"奇石一词在这里首次出现，可见古今赏石感念的相通。

东晋书圣王羲之《兰亭集序》：记"此地有崇山峻岭，茂林修竹；又有清流激湍，映带左右，引以为流觞曲水，列坐其次。""兰亭"在古会稽（今绍兴兰渚），为公共园林，自有其特殊的历史价值。谢灵运在《山居赋》中讲述自己的"始宁

（今上虞）别业"："九泉别澜，五谷异巘，群峰参差出其间，连岫复陆成其阪。""路北东西路，因山为障。正北狭处，践湖为池。南山相对，皆有崖谷，东北枕壑，下则清川如镜。"这里已是尽山水之美的晋宋风韵了。陶渊明在《归田园居》中说："方宅十余亩，草屋八九间。榆柳荫后檐，桃李落堂前。"五柳先生田园虽小，面前却是秀美的匡庐山水，可以"采菊东篱下，悠然见南山。"

唐代诗人杜牧有诗句："南朝四百八十寺，多少楼台烟雨中。"据统计，南北朝盛时有寺院数千所，多有山石溪水可观者，对后世园林赏石影响不可小觑。纵观六朝山水园林文化延展，以山石造园在六朝时已初具规模，为唐代的园林赏石打下坚实的基础、提供了美学思想及诸多文化素养。

相关链接：

（一）陶渊明与醉石

在我国第一大江长江以南，第一大湖鄱阳湖以西，拔地千仞，耸立起一座巍峨大山。其峰峦叠翠，襟江带湖，即为圣山福地，又是避暑胜地，这就是千古名山——庐山。

庐山的险峻峭拔、旖旎胜绝，吸引着古往今来多少名士顶礼膜拜。李白有《望庐山瀑布》："日照香炉生紫烟，遥看瀑布挂前川。飞流直下三千尺，疑是银河落九天。"被誉为神来之笔。苏轼的《题西林寺壁》："横看成岭侧成峰，远近高低各不同。不识庐山真面目，只缘身在此山中。"也是深谙其道。东晋以来，道教盛行，庐山有道观十八处。庐山东林寺又是佛教净土宗的发祥地，鼎盛时庐山有佛寺三百八十多处。从东晋到晚清，共有五百多位著名文人学者，为庐山写下四千多首诗歌和众多文章、著作，摩崖石刻、文人遗迹随处可见，庐山人文景观甲天下。

在这决胜匡庐的南坡下，隐逸着一位被历代文

人景仰的田园诗人——陶渊明。陶渊明（约公元365年-公元427年），东晋人士，字元亮，号五柳先生，谥号靖节先生，据称入刘宋后更名潜。曾祖陶侃，东晋开国元勋，官至大司马，封长沙郡公。祖父陶茂，武昌太守。父陶逸，安城太守。

陶渊明8岁丧父，家道衰微，与母妹三人苦度日月，常在外祖父孟嘉家里生活。外祖父家中藏书甚丰，为陶渊明饱读诗书打下基础。孟嘉为当代名士，颇有魏晋风度。晋安帝隆安五年（公元401年）冬，陶渊明母孟氏（孟嘉四女）卒。居忧在家的陶渊明为外祖父立传，名《晋故征西大将军长史孟府君传》，其中说孟嘉："行不苟合，言无夸矜，未尝有喜愠之容。好酣饮，逾多不乱，至于任怀得意，融然远寄，旁若无人。温尝问君：'酒有何好，而卿嗜之？'君笑而答曰：'明公但不得酒中趣尔。'又问听妓，丝不如竹，竹不如肉，答曰：'渐近自然。'"这段传文示出孟嘉三个特点：一、从容镇定，喜怒不形于色。二、酒酣却清醒，自得而旁若无人。三、崇尚自然。陶渊明的处世修养，大有其外祖父孟嘉的遗风。

《太平寰宇记》中说："柴桑山，近栗里原，陶潜此中人。"《大明一统志》记载："柴桑山在府城西南九十里。"据学者考证，陶渊明生长在柴桑山栗里。柴桑有城与山之分，栗里又名栗里原、栗里铺，距古浔阳城九十里。太元十八年（公元393年），29岁的陶渊明初仕，《晋书·陶潜传》说："起为州祭酒，不堪吏职，少日自解归。"第一次出仕少日归，是老宅栗里。

义熙元年（公元405年），41岁的陶渊明最后一次出仕，任彭泽令。81天后，因"岂能为五斗米折腰乡里小儿"而挂印去职，从此结束了仕宦而归隐。这次归隐已是距栗里以北二十里的上京，但时常往来栗里与上京两宅之间。义熙四年（公元408年），上京宅遇火，陶渊明有《戊申遇火》诗："草庐寄穷巷，甘以辞华轩。正夏长风急，林室顿

烧燔。一宅无遗宇，舫舟荫门前。"上京宅被烧得干干净净，一家暂居船上，又返回栗里老宅。

义熙七年（公元411年），47岁的陶渊明举家北迁，至浔阳江以南，庐山以北，离栗里九十里的南里南村。此时陶渊明有《移居二首》："昔欲居南村，非为卜其宅……奇文共欣赏，疑义相与析。"南村文化气息更多些，陶渊明终老于此。

距陶渊明老宅栗里不远处，在庐山五老峰南麓的虎爪崖下，有清风溪濯缨谷，谷中有大石即"醉石"，高广均逾丈，其上平坦如床，可卧数人。南宋淳熙六年（公元1179年），朱熹知南康（今星子县）军，曾往陶渊明醉眠处拜祭，有《跋颜真卿醉石诗》云："栗里在今南康军西北，山谷中有巨石，相传是陶公醉眠处，予尝往游而悲之，为作'归去来馆'于其侧。"

笔者仰慕陶公已久，2010年岁末，终得踏上寻访陶渊明故里旅途。初冬朗日晨，自庐山顶下行，沿105国道约三十千米至康王谷。下车仰视，道旁有巨大三门石牌坊，正门额书《桃花源》三个大字。史书载："秦始皇二十四年（公元前223年），秦大将王翦伐楚，康王避难于庐山谷中。翦追之急，天忽大风雷雨，人马不能前。得脱，遂隐谷中不出，

陶公醉石风姿，左下方为濯缨溪

其谷曰康王谷。"义熙十四年（公元418年），宋王刘裕杀晋元帝，越二年刘裕篡晋称宋。是年陶渊明作《桃花源记》：有"自云先世避秦时乱，率妻子邑人来此绝境，不复出焉，遂与外人间隔。问今是何世，乃不知有汉，无论魏晋。"《桃花源记》描述情景与史籍写康王谷事如出一辙，后人认为"康王谷"即为"桃花源"原型。

自桃花源行数千米，至星子县温泉镇天沐温泉下车，询陶渊明故里和醉石，皆茫然不知。偶遇一老者，交谈中对陶公遗迹竟如数家珍。沿天沐温泉前大道行两个路口，数株高大老樟树呈现眼前，树旁有一块石碑，上刻"柴桑桥"三字，下面是星子县政府落款。这和史书上记载，陶渊明柴桑栗里老宅前有溪，溪上有桥曰柴桑桥相吻合。如今的陶公老宅，溪水早已改道，古桥不见踪影，老宅也改成房地产项目。元和十一年（公元816年），白易易贬谪江州翌年，曾访陶渊明老宅，有《访陶公旧宅》诗并序："予夙慕陶渊明为

人……今游庐山，经柴桑，过栗里，思其人，访其宅，不能默默，又题此诗云。"诗曰："我生君之后，相去五百年。每读五柳传，目想心拳拳。昔常咏遗风，著为十六篇。今来访故宅，森若君在前。不慕樽有酒，不慕琴无弦。慕君遗荣利，老死此丘山。柴桑古村落，栗里旧山川。不见篱下菊，但余墟中烟。"古往今来多少文人名士，都曾前来造访陶公老宅，凭吊先公遗风。如今却是风物不在了。

从陶渊明老宅过大道行约一

安徽宿州天一园小景

里地有山，顺坡而上，见绿荫环抱中有亭，亭上匾额书《醉石亭》三字，亭是新建不久。转过一个山坳，一块大石突现眼前，正是天下第一石——陶渊明醉石。醉石上方山泉汨汨流淌形成小溪，这就是清风溪。溪水在大石旁汇成池塘，就是濯缨池。屈原《渔夫》说："沧浪之水清兮，可以濯我缨。沧浪之水浊兮，可以濯我足。"濯缨当出此处，有高洁之意。醉石长3米余，宽、高各2米。醉石壁上有北宋皇祐三年（公元1050年），欧阳氏等三人联名题刻。绕到醉石后面，有碎石可助攀登。醉石平如台，遍布题刻诗文，醉石上面左下方有朱熹手书"归去来馆"四个大字。大字上方有小字，为嘉靖进士郭波澄《题醉石》诗："渊明此醉石，石亦醉渊明。千载无人会，山高风月清。石上醉痕在，石下醒泉深。泉石晋时有，悠悠知我心。五柳今何在，孤松还独青。若非当日醉，尘梦几人醒。"《南史》记载陶渊明"醉辄卧石上，其石至今有耳迹及吐酒痕。"此说于醉石上到是看不出来。而石面斑驳，岁月蚀痕遍布。醉石上面右侧尚有许多题刻，大都漫漶不清，笔者留照保存。

朱熹知南康军时，曾在醉石谷建有"五柳馆"和"归去来馆"，现在早已不存。宋武帝永

英石山子

初元年（公元420年），刘裕正式称帝，南朝始。《五柳先生传》当作此时："先生不知何许人也，亦不详其姓字，宅边有五柳树，因以为号焉。闲静少言，不慕荣利。好读书，不求甚解，每有会意，便欣然忘食。性嗜酒，家贫不能常得。"《五柳先生传》写实而平淡，却评价颇高。后世王绩有《五斗先生传》、白居易有《醉吟先生传》、欧阳修有《六一居士传》，不一而足，陶渊明此作在文坛地位崇高，影响深远。

《归去来辞》是陶渊明的重

要辞赋。东晋安帝义熙元年（公元405年）终，陶渊明自解彭泽职，欣然归隐。有《归去来辞》问世："归去来兮，田园将芜胡不归！既自以心为形役，奚惆怅而独悲！悟已往之不谏，知来者之可追。实迷途其未远，觉今是而昨非。舟遥遥以轻飏，风飘飘而吹衣。问征夫以前路，恨晨光之熹微。"归隐之心昭昭而切切！《归去来辞》是陶渊明的名作，在中国辞赋史，直可上追屈宋。宋代大文豪欧阳修赞道："晋无文章，惟陶渊明《归去来辞》一篇而已。"

元兴二年（公元403年）秋，陶渊明作《饮酒》诗二十首，其中第五首最为耳熟能详："结庐在人境，而无车马喧。问君何能尔？心远地自偏。采菊东篱下，悠然见南山。山气日夕佳，飞鸟相与还。此中有真意，欲辩已忘言。"义熙二年（公元402年），陶渊明有《归园田居》诗五首，其中第一首说："少无适俗韵，性本爱丘山。误落尘网中，一去十三年。羁鸟恋旧林，池鱼思故渊。开荒南野际，守拙归园田……久在樊笼里，复得返自然。"观其诗，后人叹曰，此翁岂作诗，直写胸中天。

晚清王国维在《人间词话》中倡境界说，认为陶渊明诗臻于无我之境，为诗中极品。清人沈德潜在《说诗晬语》中评说："陶诗胸次浩然，其中有一段渊深朴茂不可到处。"北宋王安石说："陶渊明趋向不群，词彩精拔，晋宋之间，一人而已。"苏

轼在《与苏辙书》中说："我于诗人，无所甚好，独好陶渊明之诗。渊明作诗不多，其诗质而实绮，癯而实腴，自曹、刘、鲍、谢、李、杜诸人，皆莫及也。"苏子又言："渊明诗初看似散缓，熟看有奇句。大率才高意远，则所寓得其妙，造语精到之至，遂能如此。似大匠运斤，不见斧凿之痕。"陶渊明去世后，他的至交好友颜延之写下祭文《陶徵士诔》，为陶公谥号"靖节"，以示高风亮节。陶渊明的人格与素养，成为历代文人的楷模。陶渊明的风节、诗文、故园、醉石，与庐山鄱水同在！

（二）谢灵运与山水文化

六朝时期，是中国崇尚自然山水审美意识的形成期，这种特有的审美意识，成为中国较早的美学自觉。同时，赏石文化也同样源自于山水文化一脉，而山水诗歌的始祖，就是晋宋（南朝）时期的谢灵运。

谢灵运的祖父，是东晋孝武帝时名将，官拜建武将军，监江北诸军事。谢玄的叔父是当朝宰相谢安。谢安与谢玄，共同导演与实施了历史上著名的"淝水之战"，创造了以8万晋军击败87万前秦大军的奇迹，流传后世的"投鞭断流"、"草木皆兵"、"风声鹤唳"等成语皆出自此。

淝水之战两年后的晋太元十

年，谢灵运（公元385-433年）在会稽郡（今绍兴）始宁县（今上虞）的谢家别墅出生。不久，谢安、谢玄、谢瑍（灵运生父）先后去世。谢灵运由生母刘氏（大书法家王献之外甥女）抚养，7岁袭封康乐公（原谢玄爵位），食邑二千户。15岁入住京师建康（今南京）谢家官邸乌衣巷。

唐刘禹锡《乌衣巷》诗"朱雀桥边野草花，乌衣巷口夕阳斜。旧时王谢堂前燕，飞入寻常百姓家。""乌衣巷"因吴时在朱雀门驻军，士兵黑衣为乌衣营。晋室东渡，豪门望族聚此为巷而得名。"王谢"即为东晋时左右朝政的王、谢两大士族，王氏家族以王导、王羲之等人为代表；谢氏家族以谢安、谢灵运等人为代表。由以上叙述看出，谢灵运家族的辉煌与权势。

谢灵运被时人称为"文章之美，江左莫逮"。宋无名氏《释常误·八斗之才》引谢灵运语曰："天下才有一石，曹子建独占八斗，我得一斗，天下共分一斗。"这就是成语"才高八斗"的出处，从中可见谢灵运自视之高。谢灵运少年早慧，博学多才，4岁入道家杜明师学馆学习，15岁于乌衣巷打下鲜明诗风的底蕴。谢灵运认为，儒家经典是用来济世的，佛家经典用来提高修养。谢灵运是懂古印度梵文

和佉卢文的第一位诗人，他对佛家新兴顿悟说的阐释，其内涵已远于竺道生，在当时产生巨大影响，而且远播后世，成为重要的哲学概念。

以谢灵运显赫的身世，杰出的文才，理应成为朝廷重臣，然而实际上却并非如此，其中重要原因有两个方面：一是谢灵运生于晋宋（南朝）时期，士族势力开始削弱。谢灵运38岁时，刘裕灭晋立宋，在这大变革时，谢灵运在政治上又三次搭错车。二是谢灵运特立独行、恃才傲世的性格，使他无法施展抱负并最终导致祸端。

谢灵运入刘宋后历经武帝、少帝、文帝三朝，始终没有得到

信任。失望之余，便以悠游山水来排遣郁闷。其游历中的即景抒怀之作，便是自然审美的山水诗，谢灵运无意中成为自然山水诗的开山始祖。白居易在《读谢灵运诗》中说："谢公才落廓，与世不相遇。壮士郁不用，需有所泄处。泄为山水诗，逸韵协奇趣……因知康乐诗，不独在章句。"

刘宋武帝永初三年七月（公元422年），谢灵运由太子左卫率外派永嘉（今温州）太守。离开京城时有《邻里相送至方山》诗："祇役出皇邑，相期憩瓯越。"以寄南行惜别之情。路过老家时有《过始宁墅》诗名句："白云抱幽石，绿筱媚清

题名：唐彩之韵　石种：彩玉石　尺寸：37×33×20cm　收藏：胥善臣

涟。"因而后人又称此诗为《白云曲》。8月，38岁的谢灵运来到成就他千载诗名的永嘉。谢灵运在永嘉不理致事，遍游郡内名山，写出许多优美的山水名篇。少帝景平元年（公元423年）春，大病初愈的谢灵运作《登池上楼》诗：他对"池塘生春草，园柳变鸣禽。"两句尤为得意，有如神助。这两句诗后来成为他诗歌成就的代表。唐代李白"梦得池塘生春草，使我长价登楼诗。"北宋吴可"春草池塘一句子，惊天动地至今传。"等诗，都是对谢诗的褒扬之词。在谢灵运之前，王羲之也曾做过永嘉太守。后来永嘉华盖山下增添了《王谢祠》，用来纪念书法大家王羲之和山水诗鼻祖谢灵运。

谢灵运在永嘉任上只待了一年，便称疾归隐老家始宁。依山傍水的始宁别业，是在谢灵运祖父谢玄时建造起来的。据郦道元《水经注》记载："浦阳江自嶕山东北，径太康湖，车骑将军谢玄田居所在……于江曲起楼……楼两面临江，尽升眺之趣。"除江楼外，别业尚有多处住宅。《宋书·谢灵运传》：说："修建别业，傍山带江，尽幽居之美……寻山涉岭，必造幽峻；岩嶂千里，莫不备尽。"别业之阔远由此可知。谢灵运《山居赋》称有："北山二园，南山三苑。"南北两山凭水路相通。北

山又名院山，谢灵运归隐后在山顶建招提精舍，以便潜心修佛。《山居赋》中说："山中兮清寂，群纷兮自绝。周听兮匪多，得理兮俱悦。"在山水清寂之间，众人坐禅修佛，石壁精舍盛况空前。

谢灵运遍游老宅山水，写下诸多诗篇。他在《石壁精舍还湖中作》中描写傍晚夏景："出谷日尚早，入舟阳已微。林壑敛暝色，云霞收夕霏。"他穿着"谢公屐"翻山越岭，留下《从斤竹涧越岭溪行》诗："猿鸣诚知曙，谷幽光未显。岩下云方合，花上露犹泫。"谢灵运每有诗传到京城，都会刮起"康乐风"，人们争相传诵，一时"洛阳纸贵"。谢灵运在《山居赋》中说，"选自然之神丽，尽高栖之意得。"在山水之中，达到神超理得的境界。

刘宋文帝元嘉三年（公元426年），朝廷诏谢灵运为秘书监，征颜延之为中书侍郎。谢灵运、颜延之、鲍照三人为刘宋文坛的代表人物，诗坛亦有"鲍谢"之称。是年文帝召谢、颜饮酒赋诗。宴罢，颜延之询问鲍照己诗与谢诗相比如何，鲍照说："谢五言初发芙蓉，自然可爱；君诗若铺锦列绣，亦雕缋满眼。"后来学者将"初发芙蓉"和"雕缋满眼"比做中国美学思想的两种风格。

元嘉八年（公元431年），朝廷任命谢灵运为临川（今江西抚州）内史。岁末，谢灵运满怀惆怅告别亲友、石头城、乌衣巷，踏上赴临川之路。舟行时，谢灵运有《初发石首城》诗："迢迢万里帆，茫茫终何之。"前程一片迷惘。翌年夏，谢灵运抵达临川，唯在郡游放，不理政事。元嘉十年，被属官察举，皇弟司徒刘义康派人拘捕谢灵运。灵运冲冠一怒，兴兵拒捕终兵败被擒。文帝诏降死一等，押送广州监管。途中，又有密谋劫刑车事案发，诏于广州弃市。刑前有《临终》诗："恨我君子志，不获岩上泯。"中国山水文学的开山始祖，客死他乡，骸骨回葬会稽。

以山水作为审美对象，是魏晋以来"文学自觉"（鲁迅语）的标志。梁代刘勰《文心雕龙》中说："宋初文咏，体有因革，庄老告途，而山水方滋；俪采百字之偶，争价一句之奇；情必极貌以写物，辞必穷力而追新。"这正是对谢灵运诗文的高度概括。谢灵运《山居赋》即云："研精静虑，贞观厥美。怀秋成章，含笑奏理。"审美感悟，在于自然山水之间。谢灵运乳名"客儿"，天地间匆匆一客，与他的山水诗同在，携青山绿水长存。

（本文原载《中国观赏石收藏鉴赏全集》，湖南美术出版社，2012年版）

仙人峰

—— 红弦 ◇ 文

峭壁险峰人幻真，
飞泉碧落成祥云；
餐霞吸露原自在，
笑看天下名累君。

题名：仙人峰
石种：灵璧石
尺寸：136×68×43cm
收藏：李旭阳

试论纪念米芾的重要意义

On the Significance of Commemorating Mi Fu

林志文◇文

米芾（公元1051年——1107年），初名黻，尝自述云：黻即芾也。三十岁后改名芾，字元章。2013年正值米芾西归906周年，我们开展对米芾的纪念与研究活动无疑具有十分重要的文化历史意义和现实意义。为此，不揣简陋，特撰此文，以示敬意。

米芾其人

米芾出生于公元前91年，北宋开国，结束了五代十国割据纷争的政治局面，建立了中央集权的国家。由于政权的暂时稳定统一，采矿、冶金、手工业、商业等有所发展，在一些大中城市出现了表面上繁荣升平的景象。但是到米芾的青年时代，北宋王朝已处于边患不断，国力困顿的境地。王安石的"变法"，即想借此挽救危局，但引起了以司马光为首的"旧党"的激烈反对，从此党争不断，朝政反复不定。

英石山子

米芾世居太原，后迁襄阳，自号襄阳漫士，固此后人又称之为"米襄阳"；后来又定居于润州（今江苏镇江）。米芾自小聪慧，年龄稍长，则博闻强记，读书务通大略，不求甚解，更不喜科举之业。十八岁时（公元1068年），高后之子赵顼即位，高后贵为太后，念及其母阎氏的乳母旧情，便"恩荫"米芾为秘书省校字郎，从此宦海浮沉，一直只当地方小官。崇宁三年（公元1104年）六月，被召入京，任书画学博士；后又擢为礼部员外郎，但不久即遭白简逐出，知淮阳军，卒于任所，礼部员外郎算是米芾一生中最高的官职，因此后人又称之为"米南宫"，但不及"米襄阳"影响深远。可见大多数人是以才取人，而不是以官取人的。

米芾西归后，他的朋友蔡肇为其作《故宋礼部员外郎米海岳先生墓志铭》（以下简称《蔡志》）。由于可信度较高，目前已成为研究米芾不可或缺的重要文献资料。《蔡志》云："（米）举止颉顽，不能与世俯仰，故仕数困踬。"又云："（米）冠服用唐规制，所至人聚观之。"又云："（米）家故饶财，既仕，悉以分族人。后贫，不以为悔。遇古书名画，必极力购取之乃已。余昔相遇于都城，败屋僦居，客至烹饮，出诸奇相与把玩，啸咏终日。"从仕途情况、日常生活、兴趣爱好都作了生动的刻画。可见，米芾是个恃才傲物之人，他的举止行为其实是装疯作颠、佯狂玩世、率性天真而已。

在书画艺术史上的地位

北宋城市经济的繁荣滋长，促进了文学艺术的复兴和发展。在文学方面，梅尧臣、苏舜卿、曾巩诸人，力主去除旧习，提倡革新；到王安石、苏轼兄弟、黄庭坚一辈，即开创了北宋时代的文学体裁。《蔡志》云："（米）刻意文词，不剽袭前人语，经奇蹈险，要必已出，以崖绝魁垒为工。"据考，米芾诗文著作有一百卷，号《山林集》，可惜南宋时已散佚。后由岳珂多方搜缉，仅得八卷，名为《宝晋英光集》。米芾在文学方面的成就，不及欧阳修，柳永，苏轼、辛弃疾等人，但在书画艺术方面，可谓首屈一指，为时人和后人所津津乐道。

米芾学书从楷字入手，由浅入深，追溯上古；并且不专一

漆器文房一套五件（清晚期）

灵璧石山子

书家笔势，亦穷于此，然亦似仲由未见孔子时风气耳。"然而其在"宋四大书家"中名列前茅，毫无异议。

米芾绘画，既继承董源、巨然的传统，又师法造化，以描写江南山水烟雨蒙蒙，云气冉冉为擅长，并创造了"米氏云山"，于苏轼，文同诸人共同开启了文人墨戏的法门，成为"文人画"的祖师。《洞天清录》云"米南宫多游江浙间，每卜居必择山明水秀处。其初本不能作画，后以目所见，日渐模仿之，遂得天趣。"《山静居画论》又云："款题始于苏、米，至元、明遂多以题语位置画境者，画亦因题益妙。高情逸思，画之不足，题以发之，后世乃为滥觞。"画加款题，实为结合文学和书法，丰富了绘画内容，苏、米之首倡，值得表扬。明代书画大家董其昌在《容台别集》中评论道："诗至少陵（杜甫），书至鲁公（颜真卿），画至二米，古今之变，天下之能事毕矣。"似可允为确论。

在赏石文化史上的地位

从现有文献资料来看，中国传统赏石的历史，大致可分为魏晋时代的倡导期，隋唐时代的繁荣期，宋元时代的成熟期，明清时代的延续期。隋唐时代的赏石，以园林为主，包括叠石（假

家，择善而从，广收博取，最后融会贯通，自成一家。《宋史·文苑传》称其为"妙于翰墨，沈著飞翥，得王献之笔意。"宋、元以后评论米芾法书者，大概可分为两种态度，一种是褒而不贬；一种是有褒有贬，而褒的成分居多。前者可以苏轼为代表："海岳平生篆、隶、真、行、草书如风樯阵马，沉着痛快，当与钟，王并行，非但不愧而已。"后者可以黄庭坚为代表："余尝评米元章书，如快剑斫阵，强弩射千里，所当穿彻，

山）和立石（独石）。宋元时代的赏石，在继承园林石的同时，又发展了室内供石（几案石）和袖石（手玩石），逐渐从使用性走向了个人观赏性。其成熟的主要标志，可以概括为以下三点：观赏的广泛性和石种的多样性；赏石标准的总结，即"皱、瘦、漏、透"的四字相石法；赏石专著的出现，即《云林石谱》的问世。

《说文解字》曰："相，省视也。"含有挑选、评定、鉴赏之意。"皱、瘦、漏、透"的四字相石法，作为赏石的标准，用现代的眼光和语言加以评判，可以这样理解："皱"是石头表面凹凸变化的褶皱，是岁月的留痕，具有厚重的沧桑感；"瘦"是指石体挺拔修长，中间有束腰，是由人体形象引申而来，具有宁折不弯的君子之风；"漏"是指石体上下垂直的凹洞，具有豁然开朗和空灵洞达之感。其次，对它们作整体的、相互关联的考察，都是关于石头形状和形态的描述，它们由表及里，由此及彼地连接组合，形成了一个变化无穷、结构精妙的集合体。这个集合体犹如传统玩具中的"万花筒"，可以演化出奇异的形象和丰富的情感色彩。它们虽然没有具体的形象和明确的主题，但因赏石者情趣各异，能给人以较大的想象空间。

以上所述"皱、瘦、漏、透"的四字相石法，字字珠玑，描绘生动，易于掌握，可操作性强，因此成为赏石口诀而盛传不衰。但是，古往今来的赏石实践又告诉我们，四字相石法只是概而言之，既不能"放之四海而皆准"，也不能咬文嚼字、全部硬套。四字相石法适用的石种，在古代主要是灵璧石、太湖石、英石、昆石；在现代除了以上四大石种外，也适用于各种太湖石（包括湖北龙骨石、广西墨石、河南双阳石、南京太湖石、安徽巢湖石、山东玲珑石、新疆玲珑石等）。对于具体一方观赏石，往往只能使用其中的几个字，突出某些方面的优点，不可以面面俱到，全面要求。例如传世的江南三大名石，"皱云峰"以皱为主，"冠云峰"以瘦、透为主，"玉玲珑"以漏、透为主。

米芾一生，藏石颇丰，痴迷极深，以其诗文家和书画家的独特眼光赏石、鉴石，终于成为中国赏石文化史上的集大成者。他的四字相石法，既是继往开来、流芳百世的精辟见解，也是永不磨灭的宝贵精神财富。我们现在尊其为"石圣"，可谓顺理成章，同时，具有很重要的文化历史意义和现实意义。

题名：秦风汉韵　石种：灵璧石　尺寸：116×96×50cm　收藏：王亚辉

对当今社会的启迪作用

米芾终其一生，在诗、文、书、画、赏石等文化艺术领域，都取得了骄人的成绩和贡献，这与其思想创新，勇于实践，善于总结是密不可分的。

创新精神，是人类区别于其他动物的重要标志，是人类赖以生存、发展、提高的原动力，也是个人在各个领域获得成功的金钥匙。米芾的书法，在继承传统的基础上，能博采众长、不守成规，并自成"沉着痛快"的新风貌；米芾的绘画，创制"米氏云山"，实为中国绘画史上的空前新献；米芾的赏石，从室外到室内，从实用到观赏，从大型（园林石）到中型（砚山）到小型（袖石），同样不囿于传统而自出新意，多样性赏玩，开创了中国赏石文化的新纪元。

勇于实践，是一切事业的"成功之母"，也是一切科学理论的根据和起跑线。米芾6岁时日读律诗百首，过目便能背诵；8岁学颜真卿书法，10岁能写碑刻，一生乐此不疲。成年后所到之处必写生作画，师法造化，亦乐此不疲。为官后，所到之地探石、觅石不辞辛劳，甚至抱石头而眠。

善于总结，就是"前事不忘，后事之师"，是从实践上升到理论的重要步骤。米芾著有《书史》《画史》传世，既是对前人经验的总结，也是对自己心得的总结，历来为后人称道、研究、学习。他的四字相石法，更是石破天惊，成为中国赏石文化史上的一盏指路明灯，继往开来，让后人受益匪浅。

题名：大圣献艺　收藏：徐文强

石种：寿山石雕
收藏：张贤亮

 中國賞石

观赏石的评估是一种文化行为

Evaluation of View Stone Is a Cultural Behavior

毕馨予◇文

观赏石宝玉石的专业性

观赏石评估，是指专门的机构，遵循法定或公允的标准和程序，运用业内既定的鉴评办法和科学方法，以货币的形式为计算权益的统一尺度，对某个时间基准点上的资产（观赏石或宝玉石）进行评定估算的行为。

资产评估的概念早在16世纪尼德兰的安特卫普就出现了，自商品互动交易时就有了评估行为。由于社会各类商品活动发展到了相当高的水平，其更需要资产评估体现现实性，市场性，公正公平性和预测咨询性。

从目前我国发展的需要来看，针对艺术类观赏石、宝玉石、书画、知识产权等，确实离不开价格的评估和价值认定，价格是价值的货币表现形式。对于观赏石而言，

题名：聚宝　石种：玛瑙　尺寸：16×14×11cm　收藏：旭辰

价格的可变性相当大。比如在一级市场买到了一方观赏石，来到二级市场，二级市场专业从业人员有着丰富的市场经验和较好的对市场潜质的眼光，一时间，从二级市场的商铺出来的价格，有可能就达到了100%至300%的利润。观赏石作为商品流通进入了三级市场，而三级市场的赏石爱好者或企业家接手的价格，成本和人力以及资金的积压，就是增至几倍以上。但一旦需要变现，虽有市场价可以做参考，但有多少文化价值和收藏价值以及升值潜力，就不得而知了。有的石友是纯粹的喜爱收藏，有的是带有投资性的收藏，有的是两者兼顾。三级市场的石友多数为企业家、学者和各领域的成功人士。由于，在各领域中收藏的石友不计其数，如何能有专业水准的观赏行业评估机构来认知，这也成了问题。笔者认为，观赏石和宝玉石行业的评估机构首先要具备的条件有：

中国观赏石在全国的石种有五六百种，宝玉石和矿物晶体也不计其数，必须要有各方面石种的资深专家做后盾，才能准确判定各类石应有的潜藏价值和价格。作为专业的评估机构，需要有丰富的赏石经验和文化内功，做好"鉴与评"、"估和价"四个字的工作是非常不易的，即

绿柱石-云母

要对每个石种地域性、稀有性、文化性、科学性有深刻的综合认识，还要对各种石种在各类市场的不同阶段性价格有所了解。石有唯一性，不可再造不可再生，种类繁多，也有加工造假等复杂因素。所以，专业评估机构必须要具备非常专业的业务能力。

观赏石的科学依据与文化认知

观赏石以"天人合一"为基础，人为客体，石为主体，通过肉眼判断是不够的。石的硬度、岩性、出水状态、光折度、折射率等不是一句或两句能谈清楚。

题名：虎啸　　石种：大化石

是否有人工打磨的痕迹，或纯须打磨的石和玉，都需要去精确表述与认知。在相当多的时候，传统的评估方法是不够的，如何做到公正、公平、公信，离不了现代科学鉴赏与鉴定的理论依据支撑。另外，在评估的过程中，根据评估目的和需求，我们要作出必要的科学检测，才能达到有科检依据求证以理服人的目的。

作为石之鉴评，我们会以形、质、色、纹、意韵五大要素去进行评估，在预要评估的某一类石种中，它的价值级别的确定，是根据石之形态、图像和石本身的文化背景来衡量的。这需

要文化根植深厚的专业人士，在鉴评工作中经验丰富、资力深厚的专家去认识。有些石友说，我的这方藏品最好，如何如何有文化内涵，但较比同类更好的石种确实又达不到，离顶级确实相差一定的距离。因为没有机会结缘和看到更多更好的观赏石，所以，我们只有在全国知名的同一石种中再去比较，让范围更广、见识更多的专业鉴评机构协助论证和研究。

另外，在评估前石友们的藏品时发现有的石友没有做好准备工作，如忽略了命名和配座。命名，是藏品的导论，你说是月，

太阳，在同一方石中，出现的物象只有一个似太阳的圆点，就不能说"日月同辉"。有的石像山水，有宋画的风韵，有元朝某画家的风格，就不能叫宋元山水；有的观赏石形态或图像像鱼，但却配了一个竹子的座子；有的像桃子体态或图案的观赏石，却配了一个梅花式样的座子。诸如此类，在文化上无法匹配，会影响单品观赏石的美观及文化效果。我国观赏石早已颁布了鉴评标准，各省、市统一按准则执行。所以往往在评估鉴评工作中，1分至5分之差异，就会是一级和二级的差异。鉴评分数直接会影响到评估价值。要彰显有文化内涵的商品价值和深层劳动价值，在展示藏品时不可忽略细节。这样才可能体现观赏石的自然美的魅力和所潜藏的价值所在，才能更好地体现观赏石真正的商业价值和收藏价值，才具有市场竞争力。

每类观赏石或宝玉石，都有着不同的文化特质，例如区域不同，成因、岩性、形、意韵不同，每个石种中都有在同样种类形成难度的不同，这都需要鉴评和评估机构去做正确表述和判断。

观赏石评估的本质与作用

评估观赏石通常会采用市场比较法、成本法，有时也会采用

收益法。比较法加收益法多数会用于企业收藏，将藏品作为资产评估；金融融资、合股经营、涉案方面，多采用市场比较法加成本法，不管哪一种形式，这都是国内评估专业机构行业的基本标准和规律，都要先看评估对象所委托的目的。由于在评估过程中会遇到一方石头会有几个股东，合伙人、夫妻，或已抵押贷款的产权不明的情况，因此，在评估时需要填写评估产权认定表，这样就会规避行业的风险，也有利于观赏石行业的健康发展。

就传统的评估方法来看，以市场比较法居多，但观赏石和宝玉石往往会被作为低估的资产。我们评估企业及个人珍藏的观赏石宝玉石作为资产，专家和学者有着不同的见解。目前国内学者对观赏石能不能纳入固定资产尚无定论，但许多收藏观赏石的企业家，却翘首企盼。企业购买保险可以免税，做公益也可以免税，这就给企业带来了声誉收税减负、自信、扬德等不同层次的受益。笔者以为，传统文化是民族文化力的体现。人类精神文明不断地进步，弘扬传统文化，缺少了经济实体的支撑，缺少政府的支持，以及金融部门、保险、工商、税务等方面的参与支持，那就很难有文化大发展大繁荣的局面出现。对以往的文化行业中的特殊商品，如传统工艺、动

漫、字画、古玩、玉器、观赏石都逐渐被纳入的评估行业规范的体系中。这样，才能使特殊商品的价值和价格，公平、公正、公开地体现出来，文化事业才能逐渐有突飞猛进的发展。

企业要保证投资的正确及合理性，就必须要对现已拥有的商品和欲投资商品进行估价和认

知，以往在很长一段日子里，很多企业家十分困惑，一方石头能值多少钱，石头有那么贵吗？石头能不能作投资的目标，中观协从2010年就开始对观赏价值评估体系进行了深入细致的研究。广西观赏石协会和广西物价局也开始正式批准了具有专业资质的观赏石宝玉石价格评估公

题名：神龟遨游　石种：沙漠漆　尺寸：16×11×7cm　收藏：旭辰

司，填补了国内特殊商品（观赏石宝玉石）的价格评估机构的空白。所以说，作为企业投资前，必须做好评估的价值认定工作，这样才会有效地进行投资前的决策工作。

由于我国文化力的不断凸现，个人形象和企业形象在社会公众面前，是名牌塑造的有效手段。文化力的彰显，给企业和个人创造了超出一般生产资料和非流动资产的超额利润，观赏石价值评估是强化企业形象，展示发展实力的重要手段。

矿晶

题名：福寿满堂　尺寸：20×9×10cm　石种：广西大化石　收藏：陈逸民

题名：太平盛世
石种：和田玉
尺寸：23×15×14cm
收藏：宝玲阁

赏石文化与旅游经济
——以四川温江和宁夏石嘴山为例

On Relationship of Stone Culture and Tourism Industry: Exemplified by Wenjiang District of Sichuan Province and Shizuishan City of Ningxia Hui Autonomous Region

徐忠根◇文

"赏石文化与旅游经济"的核心内容，就是如何将自然资源与文化资源相结合，使其成为推动地方旅游经济发展的重要因素。"文化搭台"与"经济唱戏"，本是一出互相配合、互相发挥的"双簧"。赏石文化向着市场经济靠拢，这是一条必经之路，因为没有市场的文化是没有发展前途的。

The main idea of the article is to explore ways to combine natural endowment with culture resources so as to make the latter a boost to the local economy. The relationship of the culture of stone appreciation and tourism industry is a cooperative, interactive one where culture puts up the stage and the economy sings the opera. Market economy is an inevitable course toward developing the culture, as it can barely be developed otherwise.

任何一个地区或城市发展经济，首先依靠的是本地自然资源和文化资源，这两种资源如能得到合理利用与优化，将能成为可观的市场资本，从而加快地方经济发展的步伐。近年来，笔者多次参加了各地举办的赏石高峰论坛，讨论主题往往涉及赏石文化的市场化。由此而言，中国赏石"纯文化"的金字塔已经开始动摇，迎来的是一个拉动地方经济、讲究效益原则的新时期。我们不妨通过对四川成都市温江区与宁夏石嘴山市利用当地自然资源与文化资源，并将这两大资源资本转化为经济资本的战略措施进行解读，从中获得具有典型意义的启示。

"赏石文化与旅游经济"的核心内容，就是如何将自然资源与文化资源相结合，使其成为推动地方旅游经济发展的重要因素。赏石文化作为一种以精神状态为主要存在形式的文化资源，实际包含着自然资源与文化资源两大要素，而其自然资源价值不能直接成为文化产业的资源资本，必须经过人文精神的投入和社会实践的考验，经过市场推广与消费体验之后，才能成为有特色、可利用的资源资本。进入21世纪，赏石文化逐渐摆脱传统封闭的模式，由单一的自娱自乐朝向资源共享的市场化发展，在文化搭台、经济唱戏的市场中扮演着活跃的角色。这些年来，无论是奇石产地还是赏石大区，当地政府越来越关注赏石文化的影响，以及认识到推动本地区文化发展与产业繁荣的意义，甚至将当地所产的奇石或具有自身特色的赏石文化打造成特色文化名片，以此提升地区、城市形象、扩大品牌效应。

———

"特色文化名片"，对于一个地区、一个城市而言，是当地的一种文化标识，也是当地文化建设、文化交流的资本储备。如广西柳州，本地并不

多产奇石，但由于其所具备的地理条件与城市功能，凡是境内各河系、山地所出奇石，很大一部分被石商们运往该市的奇石市场出售，柳州因此成为全国性的奇石集散地，为中国赏石文化的繁荣提供了充裕的物质基础，"柳州奇石"作为一张特色名片而享誉海内外。2012年2月22日，柳州市旅游局对外宣布：

分别将"中国柳州国际水上狂欢节"、"百里柳江、百里画廊"、"三江程阳八寨景区"、"柳州饭店"、"柳侯祠"、"大龙潭景区"、"柳州奇石"、"柳州螺丝粉"、"广西民族音画《八桂大歌》"、"柳州文庙"，列为"十大旅游名片"。柳州奇石能够成为柳州"十大旅游名片"，可见这些自然资源已经转化为当地的文化资源，在

赏石与海派台座的交融

题名：刘伶醉　石种：戈壁玛瑙组合

促进城市文化产业和繁荣旅游经济中成为得天独厚的文化资本。

前不久，我应邀参加第九届中国成都(国际)奇石博览交易会时，曾经对该市办展地址的温江区作过简要考察，在此，我不妨谈谈温江区利用当地自然资源与文化资源发展旅游经济的大概情况。温江区位于成都市中心区西部，辖区面积277平方千米，总人口32.67万，2002年4月撤县建区。温江地貌为岷江冲积平原，无山无丘，属亚热带气候区，河流纵横，雨量充沛，物产丰富。改革开放以来，温江区域性经济发展较快、成为成都市第一个卫星城、四川省第一个小康县、西南地区最大的国家级经济开发区、国家级生态示范区，并跻身全国经济综合实力百强县（区）。

成都，具有西部旅游门户和旅游中心城市的地位，作为所属城区的温江，显然可以跻身于旅游经济圈。温江区是4000多年前古蜀鱼凫王国的发祥地，唐宋李白、杜甫、陆游、朱熹等文人墨客曾竞相在此游历唱和。尽管在旅游景区中宣传了这些历史传说，客观上缺乏历史文化遗迹，因此不足以成为当地的文化资源。因为，并非每一个地区拥有的文化资源都具备资本属性，只有其中某些资源经过流通、交易、服务等途径，以文化产品转化形式来满足和引导消费需求，从而产生出价值增量效应的那部分文化资源，才可称为文化资本。温江发展旅游产业必须有良好的文化资本，这就需要在摸清本地文化资源储备的基础上，确

定具有特色的文化资源，然后加以社会实践的运用，构建集传统优势产业、特色产业和当今文化产业于一体的新格局。

据说，"农家乐"这一风靡全国的休闲度假旅游，是从温江开始叫响的，凭着闻名遐迩的川味美食、古镇、温泉、良茶等地方特色，发展旅游业和服务业是具备一定条件的。温江也是中国西部地区著名的花木交易市场，已被入选联合国"国际花园城市"之内，从第一届至第九届中国成都（国际）奇石博览交易会，都在天府花城展览交易中心举办。由此可见，凭借多次大型展会的文化功能和文化影响，推动赏石文化、旅游经济双向合作与双向受益，显然是当地政府所愿意接受并给予大力支持的。但从另一方面讲，由于温江区内特定的自然资源条件与人文资源条件，在大力开发旅游文化产业中，存在着产业规模小、产品种类少、产业共生条件差、产业发展机会成本较高等问题。

温江区没有奇石资源可加以开发利用，但是凭借位处成都这座西南大城市的优势，引进本省或外省奇石资源，开拓奇石市场，将外来的自然资源转变为当地的文化载体，通过市场运作考验形成相当规模，然后再转化为自身的文化资本。据了解，温江区政府计划在本次博览交易会

后，利用原有场地，扩大设施和规模，打造中国西部石文化博览园。这是一个很有开拓性的举措：一方面，通过强化赏石文化宣传途径，提升本地区新兴文化市场的品位和影响；另一方面，利用文化与经济联营，达到经济效益与社会效益的双赢。也许因受各种客观条件限制，温江奇石目前在经营与收益方面可能未实现最大化，但从整体上讲，突破文化产业的初级形式，本身就是往前跨了一步。

应当指出，我们所说的文化资本，并非是将"文化"概念与"资本"概念简单地拼凑在一起，这种资本是由能够带来价值增量效应的文化资源转变而来的。即一方面需要掌握资源价值的功能性和实用性，另一方面又不全依赖人文价值的介入与互融，它只能在特定的社会条件和社会需求中才能体现资本价值。由于赏石文化的特殊性，它的文化产业化前景虽说是宽广的，但也要看到，由于目前受到资源供给、市场供需等客观条件的制约，仅凭已经获得的自然资源难以在短期内形成产业体系，但有融入地方相关文化产业的条件与可能。一个地区或城市的文化产业中，旅游业是最能体现自然资源与文化资源相结合的产业。虽说赏石文化自身具有的自然资源优势与文化资源优势，在短期内

缺乏形成文化产业的条件，但是两种资源优势一旦被合理利用，就能转化为文化资本。如果融入旅游产业之中，对增强旅游产业文化功能和实现"多业多旅"规模化，不啻是一种有利的尝试。

目前温江区利用特色自然资源与景观资源尚有一定的局限性，由此在大力开发旅游文化产品的同时，凭借多次举办奇石博览交易会的文化影响，打造中国西部石文化博览园，以提升奇石集散地的流通功能，无疑成为撬动地方经济的一个杠杆。该区对今后旅游产业发展提出的总体规划是：1、促进整体形象的和谐打造和持续发展，带动休闲旅游的发展与地方经济的协调，促

题名："石"字　石种：长江石　尺寸：13×9×5cm

所打造的三大特色：开创成都最佳游乐区特色，川西平原乡村特色，风景城镇、绿色城镇特色。若如失却了把文化资源转化为文化资本、再转化为经济资本这一重要过程，那么必将难以实现长远规划的蓝图。温江区利用开展赏石文化活动、开辟观赏石市场，促进地方经济与旅游产业的发展，可以说是文化与经济联姻而取得"双赢"的生动例子。

二

石嘴山市在发展城市旅游业中所具备的硬件与软件，与温江区有着相似之处，只是由于受资源条件的制约而拥有不同的资源资本罢了。近十年来，石嘴山市为了改变资源依赖型产业结构，以发展特色旅游业加快构建经济转型的产业体系，根据城市资源特色提出了打造"山水石嘴山，奇石甲天下"的城市旅游品牌口号，促使旅游产业规模明显扩大、地位不断提升。如1、"十一五"期间，政府先后投资建设了沙湖旅游景观大道；2、修通了由平罗县玉皇阁等景区与沙湖景区联系在一起的全长11公里的平罗亲水大道，加快重点景区配套基础设施建设，大力提升景区硬件水平；3、结合国务院直属口"五·七"干校历史博物馆建设项目的实施，改造了道路，完善了交通基础，同时修建

题名：祥云出岫

进旅游企业集群的发展和产业规模的扩大，带动第三产业发展，促进旅游吸引物的有效保护与积淀；2、整体战略规划，打造

"成都休闲游乐最佳体验目的地"；3、形象定位，成为"田园城市，游乐休闲乐土"。在此基础上确定了温江未来产业发展

了文化广场、民俗文化一条街等附属设施；4、结合星海湖湿地综合整治工程，先期建设了环湖路、广场、码头等配套基础设施，并修建了长约11公里的星海湖环湖公路，建设了龙腾星海广场、鹤翔谷码头等附属设施；5、结合大武口电厂粉煤灰场的整治，按照中华奇石山的建设规划，重点实施了绿化、硬化、道路和蝴蝶桥、广场等配套建设项目。另外还改造了北武当生态旅游区沿山景观，保护性恢复了知青纪念馆、知青居住点、知青食

堂，新建了拓展中心、农家乐、垂钓中心等，为发展农家乐旅游参业打下基础。据了解，石嘴山市旅游接待人次和产业收入以年均12%的速度递增，2010年旅游接待人次和旅游收入较上年增长15%，旅游收入占GDP的2.5%。

石嘴山市当地政府高度重视奇石文化石产业发展，将奇石文化与奇石产业融入山水园林城市建设之中。举"中华奇石山"为例：这座奇石山的前身，原来是大武口电厂倾倒粉煤灰的渣场，堪称该市的"第一煤渣山"。该

市在着力打造"中华奇石城，魅力石嘴山"工程中，提出了以"奇石文化搭台，经济发展唱戏"、"以石为媒，促进发展"的新理念，建立以政府扶持、市场运作、多方参与的园林奇石产业发展新机制。通过以"一山（中华奇石山）、两线（山水大道和沙湖大道两条城市主要通道）、多点（各大公园、街头绿地、休闲广场为主体的奇石景观节点）"为布局，构建园林奇石城。

笔者曾于2008年5月应该市相关部门邀请，参加过这项改

宁夏石嘴山中华奇石山

造工程的认证工作，对此实感不易。经过政府努力，终于将一座煤渣山改造成为汇聚各类园林奇石的"中华奇石山"，并在山上建设了世界名人园、民族之花园、民族大团结园、石嘴山精神文化园、英雄楷模园以及中国著名军事家、政治家、教育家、科学家园等9个雕塑园，建设古文化园、诗词园、规矩园和岩画园4处石文化园。目前，石嘴山市已聚集各类奇石1万多件，其中外省市奇石达到1000多件，大大丰富了石嘴山市的奇石种类。这一城市景观包含了诸多文化元素，由此荣获了"中国观赏石基地"的称号。在这几年里，"中华奇石山"的价值，不仅体现在服务于旅游业，重要的是其自身文化功能也得到了应有的体现。

笔者从有关部门了解到，目前宁夏回族自治区的旅游业仍有不足之处：1、存在着景点小、散、弱的状况，缺少知名的旅游产品和核心吸引力，文化资源优势尚未转化为旅游资源优势；2、旅游资源的开发渠道，主要依靠政府投资，社会参与性较弱，这就造成旅游投入机制欠灵活。由此，构建社会参与旅游投资体系就显得尤为重要；3、旅游业尚未形成完整的产业体系，一些旅游景区只是为了满足消费体验，实际文化含量不高，由此影响到整体知名度。这就需要进一步将现有的文化资源提升为文化资本，并使文化资本转化为经济资本。有学者认为：文化资源并非是发展地方文化产业的核心要素。我赞同这一观点。资源资本有两种存在形态，一种是历史遗存的资本，另一种是已被利用或正被利用并形成有价值的资本。从石嘴山市近十年来打造旅游品牌的情况看，可利用的文化资本大多是历史遗存的资源，而新的文化资源必须被吸纳并优化成自身特色的资源，这样才能在旅游产业经济中逐渐转化为有用的文化资本。否则，历史遗存的资源仅仅是一种未被开发利用的资源而已，一旦可利用的文化资本投入到文化产业领域，其投入得越多，收效也就越快越好。

自我国改革开放以来，随着传统文化的存续和转型，给城市文化品格、文化形象的提升带来契机。将文化资源转化为文化资本，本身就不是一件容易之事，因为资源中的每一个元素都必须要有转变的空间，必须找到一条历史与现代、传统与时尚、经济与文化合理结合的途径才能得以实现。当今时代，发展旅游经济除了推动本地生产性文化产业发展之外，还应不断强化环境旅游和文博旅游等体验性文化产业。目前世界各国的娱乐业，已成为发展速度最快的经济领域。从石嘴山市力图打造主题旅游、文博旅游长远规划来看，就是要使旅游文化产业与各种新兴文化产业同步发展。鉴于该市所拥有的历史文化资源与文化资本状况，近年来将赏石文化纳入文化经济发展版图，并保持互融、互动、互补、互利的联营关系，显然是顺应经济发展形势的，而且是十分有利的。

三

中国赏石文化自20世纪80年代复兴以来，经过30多年的发展与繁荣，虽说文化受众面越来越广，但客观上存在着从由文人垄断转向大众参与的态势，因此从探索市场模式与效益目标方面讲，无论是各地的流通范围、经营规模和交易数量，与百姓日常文化消费相比毕竟还有很大的距离。"文化搭台"与"经济唱戏"，本是一出互相配合、互相发挥的"双簧"。赏石文化向着市场经济靠拢，这是一条必经之路，因为没有市场的文化是没有发展前途的。由此而言，赏石文化需要不断地寻找市场、开辟市场，搭建各种形式的文化平台。虽说扩大影响、实现效益尚需等待时机成熟，但只要与"经济唱戏"配合得好，最终还是能够从"寄生关系"中获得利益的。当然，这种利益的获得，主要还是依靠在市场运行中所产生的文化影响力和吸引力。

我们只要环视这些年来各地城市有影响的奇石博览会、奇石展销会等活动，就可以明显感受到当地政府给文化搭台、让经济唱戏的意愿，并且着重扩大城市宣传功能的力度，其目的就是偏重于提升城市形象、推动地方经济。这种情况在一些既产奇石而经济相对落后的地区反映突出，无论是原产地城市抑或周边城市，利用奇石资源优势搞经常性、定期性的展会，吸引各地石友、石商，既能提高城市知名度，又能扩充文化产业经济的附加值。即使这些展会一时难以得到理想的经济效益，但从扩大招商引资、促进文化产业的规划考虑，显然是一种积蓄文化资本的长远措施。

能否合理利用当地自然资源和文化资源，并引入外省的自然资源和文化资源，形成一个互融共存特色的文化产业环境，这与当地决策者的长远规划有着密切关系。为此，将引进的自然资源转化成具有实际效能的文化资源，并以多元融合的文化软实力带动地方经济，政府就要制定规划性、整体性、兼顾性的相应措施，做好前期资金投入和配套服务，在加强对短时期内即可受益的规划项目投资的同时，也应重视对暂难见效的规划项目给予必要的加额投资。事实上，这些年

题名：甜甜蜜蜜　　石种：阿拉善玉　　收藏：石博

来，石嘴山市极力打造新型主题旅游与文博旅游，引进外地观赏石来装扮城市，多次举办有影响的赏石文化活动，并且作了充分的项目投资准备，足以说明当地政府早已关注城市形象工程的重要性，从而将自有的文化资源与引进的文化资源互为融合，促使其成为发展当地旅游经济的资源优势，这些已从政府公布的旅游业产品与服务所取得的显著效益中得到印证。

综上所述，中国赏石走向市场化，并非如某些人所认为的其文化性质发生了转变，而是符合文化发展规律与经济发展规律的社会转型。这种转型既是当代人走出传统精神王国的必然趋势，

也是当代文化与经济联姻所出现的新景象。当今，我国在市场经济条件下发展文化，意味着文化的发展要以市场为依托。从这个角度讲，文化是市场的一部分，具有明确的市场属性。另一方面，文化的价值又要依靠市场来体现，因此文化自身又具有非市场属性和功能。换一个角度思考，一个经过培育成功的市场经济环境，必须以良好的文化秩序作为效益基础，这样才能防止消费的过度物质化。因此，我们探索赏石文化与旅游经济，看待文化与市场的关系时，最终涉及的是政府的职能、引导和扶持，这些问题有待于更多的文化学者与经济学家们去作深入的研究。

鱼 形

安奇◇文

两亿年前，海底喷发的炽热岩浆中，找到了自己的形象。

于是一条鱼身披花甲从中一跃而出：晶莹透彻、海水幽深，在秘密中吐出一长串的气息，从深海中升起化为看透幽暗的眼眸，化为赤色的记忆。

游动着，游动着，从时间的那头到时光的尽头。

然后沧海桑田，海面下降，大地抬升，搁浅在无边无际的沙海戈壁。

仰看星辰在天顶重新组队巡行，静卧于烈日曝晒，大风吹掠、刀锋塑形，某天经过了龙的唤醒，再次潜入大地的深处。

静卧而待，潜心、潜行、只为与我相遇。

题名：鱼形
石种：葡萄玛瑙
尺寸：35×27×15cm
收藏：金成

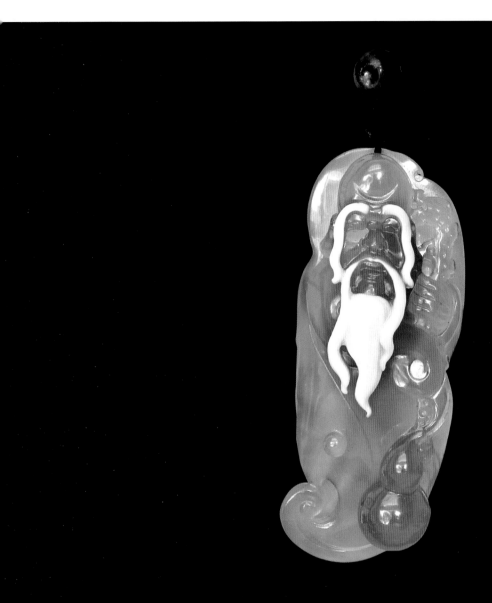

老寿星

題名：老寿星
石种：阿拉善玉
尺寸：8.2×3.2×2.5cm
收藏：夏蒙

精品赏析

灵璧玲珑璧 奇绝天下无

Approaching the Uniqueness of Lingbi Stone

孙淮滨◇文

中国自有供石之始，灵璧石就被认为是可望而不可及的神品。具有丰富的美学内涵的灵璧石受到历代帝王卿相和文人雅士的钟爱，是世间独有的天然瑰宝。宋代米芾鉴评奇石具有"瘦、漏、皱、透"之"四美"，而灵璧石不但"四美"毕具，而又以其"色如漆、声如玉"之独特之美为它石所无，可综合为"瘦、漏、透、皱、声、伛、悬、黑、响、坚"之"十全十美"。

Since the advent of the scholar's rocks(gongshi), Lingbi stone has been enjoying a high reputation. With broad artistic meanings, it was regarded as unique and valuable because of the fondness it received from emperors, officials and literati over dynasties of ancient China. Mi Fu, a Chinese painter and calligrapher of Song Dynasty, proposed four characteristics essential to the appreciation of the eccentric rocks, which were, shou (thin), lou (channels), zhou (wrinkled) and tou (holes). Lingbi stone not only meets all of them, but, with its color and sound, adds six new standards, namely sheng (rhythmic), yu (bent), xuan (suspended), hei (black), xiang (sonorous), jian (firm).

"山川之精英每泄为至宝；乾坤之瑞气恒结为奇珍"。灵璧钟灵毓秀之地，山奇川媚之壤，天真地秀，星斓月华，故境内多奇石，历代珍若拱璧。从宋代诗人戴复古"灵璧一石天下奇"的诗句，到清代乾隆皇帝"天下第一石"的定论，敢信"灵璧一石甲天下"不为妄语。灵璧石确实特具自身之优越条件而甲于天下，这是历代赏石家经过漫长岁月的去芜存菁，以及亿万人的鉴评比较才得出的明朗定论。中国自有供石之始，灵璧石就被认为是可望而不可及的神品。

供石是我国古老的传统艺术，有渊深之民族文化底蕴。它洋溢着书卷气之典雅，乡土气之天籁，灵秀隽永，质朴无华，给人以大自然的享受，是最具东方文化特色的审美艺术。改革开放以来，时泰景和，人心怡畅，古老之供石艺术又逐渐走入千家万户。一个以供石、赏石、藏石、论石为主要内容之"石文化热"已席卷华夏大地和东方文化圈。海内外不同规模之奇石展评会和奇石学术研讨会此起彼落。作为"天下第一石"之灵璧石，以它天赋之形、质、色、光、声等优越条件，受到国内外奇石收藏家们的特别珍重。

灵璧石出于安徽省灵璧县城北磬石山北麓平畴间，必搜岩剔薮掘之始见，以北宋旧坑石最为名贵。石质坚贞，色如墨玉，体态玲珑，殚奇尽怪，瘦、漏、透、皱、区、悬、盘、黑、响诸美具备，为文窗清供和园林叠山之冠。大者高广数丈，可置于园林庭院，立石为山，峰峦洞壑，岩岫奇巧，如临华岱；小者尺许，或乃盈寸，肖形状物，妙造天成，可供于斋窗几案，或装点山水盆景。闲暇小坐，一瓯清茗，神趋其中，但觉山水烟云，人物鸟兽，如卧如立，若舞若骞，可于意想中得之。令人目悦意惬，心旷神怡，博得历代高人韵士的雅爱。

供石原是自然界具有一定形态和艺术素质的原石，经过艺术家慧眼的发现，便成为"一拳突兀千金值"的艺术品。我国古人曾以读书、吟诗、写字、作画、调琴、弈棋、品茶、供石、养花等视为提高人的学养，从而达到一种更高境界的手段，这是理性的、哲学式的艺术观。因此，通过石玩可以提高人的文学、艺术、道德修养，从而可以看出一个人的个性、气质和品格。我国的历史名人，如白居易、王维、

题名：观音　石种：灵璧石

李煜、苏轼、米芾、宋徽宗、范成大、赵孟頫、米万钟、蒲松龄曹雪芹、郑板桥、石涛等诗人、画家、他们都爱石、崇石、玩石、画石、颂石。我国古代论石、赏石、藏石的古籍著作连篇累牍，凡百数十种。

"石堪玩者，惟灵璧石称最。"历代文人学者对灵璧石摛藻大飒，风流雅士争相搜求，一时锦囊玉案，横陈斋馆，怀锦握玉，知音竞赏。灵璧石坚贞砭介，不亢不卑，以石喻人，坚操励志，寄托人的情操和品德，这

题名：天韵青幽　　石种：灵璧石　　尺寸：110×218×65cm　　收藏：付克建

是人们供赏灵璧石的旨趣所在。历史上多少文人为灵璧石立论辨识，图谱系赞，因之灵璧石名价益高。所谓"尽天划神镂"之珍品，多为少数高层人士所秘藏，很多文献记载了历代灵璧石名品名件和诗文趣谈。

《后周书》载："周太祖宰相琳母，一日偶经灵璧，忽见一石，光彩朗润，持之以归。夜间，梦一衣冠仙人，向夫人云：'日所得石，乃浮磬之精，持之必生贵子。'母惊悟，俄而有妊，及生，因名琳，字季珉也。琳聪明过人，读书攀桂，初封巨野县子，后又随周太祖破齐，累立战功。遂晋位柱国"。又《挥尖录》载："宋政和间建艮岳，奇花异石来自东南，不可名状。灵璧贡一巨石，高二十余尺，瑰玮异常，用舟载至京师，毁水关以入。及至内府，千夫舁之不动。臣子启奏于帝云：'此是神物，宜表异之'。于是皇帝乃燃烛焚香，亲洒宸翰，御刻至苑中"。此记虽荒诞不经，然见诸典籍，足见古人一向奉灵璧石为灵异神奇之物，并非以等同一般清赏雅玩之属视之。南唐后主李煜有一"灵璧研山"，径才逾尺，前耸三十六峰，高者名华盖峰，参差错落者为方坛，为月岩，为玉笋……各有其名。又有下洞三折而通上洞，中有龙池，天欲雨则润，滴水稍许于池内，经旬不燥，后主甚为宝爱。此"灵璧研山"宋时为米芾所得，当时已是著名古董，米老视若至宝，曾为《研山铭》以颂之。铭曰："五色水，浮昆仑。潭在顶，出黑云。挂龙怪，烁电痕。下震霆，泽厚坤。极变化，阖道门"。后米老过镇江，爱甘露寺旁临江一处晋唐古建筑，乃苏仲容之宅。苏亦爱"灵璧研山"。当时王彦昭侍郎兄弟共为之和，于是竟相易。及至物宅两交，米老却又叹惋不已，抱憾终生，曾为诗云："砚山不复见，哦诗徒叹息，惟有玉蟾蜍，向余频泪滴"。米老后署海岳庵者即是斯宅。《素园石谱》载："米芾驻守涟郡，地近灵璧，蓄灵璧石甚富，一一品第，加以美名，入室把玩，终日不出。斯时杨次公为宪使，因驱车去涟郡，正色斥责曰：'朝延以千里郡邑付公，那得终日弄石，不理郡事！'此时米芾从左袖中取出一石，嵌空玲珑，青润宛转，反复以示，杨不为所动。米纳之于袖，又出一石，层峦叠嶂，奇巧又胜，杨殊不顾。米芾又藏于袖，最后出一石，黛色荧荧，玲珑剔透，洞穴委婉，尽天划神镂之巧。反复示杨曰：'如此石安得不爱？'杨惊见之际，忽然立起趋前曰：'此石非独公爱，我亦爱也。'即就米手攫得之，迳登车驰去。

米悯然自失累月，屡以书请之，竟不复得。"宋徽宗有一"灵璧小峰"，长仅六寸，高半之，玲珑秀润，卧沙、水道、裙折、胡桃纹皆具，山峰之巅有白石圆光，晶莹如玉，徽宗御书"山高月小，水落石出"八小字于其旁，命工镌刻真金。《西湖游览志余》和《南雅堂杂抄》亦有如是记载，虽文字不尽相同，但记述却大致相近，实属一物。又《宣和别记》载："大内有灵璧石一座"，长二尺许，色青润，声亦泠然，背有黄砂文，御书题刻其上，字云：'定和元年三月御制'。御书其下押一字。从古

籍记载，灵璧石在宋代已为皇帝所宠爱，并作为稀世之宝藏之大内御府，外人不可得见。《嘉靖宿州志》载："灵璧刘氏园中砌台下有灵璧石一株，瑰玮然，反箭可观，作麋鹿宛颈状，东坡居士欲得之，乃于临华阁作《丑石风竹图》贻之主人，主人喜，以'麋鹿宛颈石'相赠，东坡载归阳羡。"《墨庄温录》载："灵璧张氏兰皋园一石甚奇，所谓'小蓬莱'也，苏子瞻爱之，题其上曰：'东坡居士醉中观此洒然而醒。'子瞻之意盖取李德裕平泉庄有'醒酒石'，醉则遗憾之乃醒也。蒋颖叔过见

题名：中华雄风　石种：灵璧石　尺寸：50×25×22cm　收藏：李建民

之，复题云：'荆溪居士暑中观此爽然而凉'。吴石司师礼安中时为宿守，又题其后云：'紫溪翁大暑醉中'。书罢读三题一笑而去，张氏皆刻之。其石后归禁中"。南宋诗人范成大得一灵璧古石。峰峦嵯峨，黛色荧荧，绝似峨嵋正峰，命名"小峨嵋"，并作《小峨嵋歌》，有句云："览观此石三叹息，仿佛蜀镇俱岩峣。"赵孟頫曾珍藏"灵璧香山"一座，孔窍委宛，递相贯通，烯香于内，烟云迂绕，终日不散，道人题刻"云根"二字于座下，道人又有一石，大如拳色如漆，峰五列，命名曰"五老峰"，扣之拂之，其声冷然，松雪道人均视为奇宝，终生相伴。自古以来，文人雅士都与灵璧石结下不解之缘。灵璧石确实有如此之艺术魅力，真可谓幸甚至哉！

灵璧石受到历代帝王卿相和文人雅士的钟爱，是由于灵璧石具有丰富的美学内涵，是世间独有的天然瑰宝，故历代石论专著也把灵璧石排列在显赫的地位：如宋代杜绾著的《云林石谱》，计汇载石品一百一十六种之多，而该著把灵璧石排在第一位，并以最大的篇幅详细介绍灵璧石之产地、采治方法，并详述灵璧石具有"石理嶙峻"、"清湍而坚"、"扣之铿然有声"、"峰峦岩窦，嵌空具美"、"其

状妙有宛转之势"等艺术特色。明代著名学者文震享有在其所著《长物志》"水石"一章里也把灵璧石排在首位，并详细阐述"石以灵璧为上，英石次之，二种皆贵，购之颇艰，大者尤不易得，高逾数尺者更属奇品。小者可置几案间，色如漆声如玉者最佳"。明人赵希鹄的《洞天清禄集》"怪石辨"一章里计列灵璧、道石、融石、川石、桂川石、邵石、太湖石七种，也把灵

璧石排在第一位，而且把灵璧石直称"灵璧"，不加"石"字。并详细介绍灵璧石"色如漆，间有白纹如玉。佳者如菡萏，或如卧牛，如蟠螭，扣之声如玉，以利刀刮之略不动。此石能收香烟，斋阁中有之，则香云终日盘旋不散……伪者多以太湖石染色为之。盖太湖石亦微有声，亦有白脉，然以利刀刮之则成屑"。明人谢堃的《金玉琐碎》中写道："谱言英石为应石，又名音

题名：传承　石种：灵璧石　尺寸：85×49×20cm　收藏：孙福新

石，盖音其有声。其实英石无声，有声者灵璧石也。英石壮观，若制砚山陈设文房者，转不如灵璧石为佳耳。盖皱法若画，峰峦洞壑，无不毕肖。如将乐所产，燕山所产，皆有奇趣，竟不如灵璧石称最。"古人对灵璧石之研究可谓详尽之至，不仅介绍灵璧石造型之奇美，而且特别强调灵璧石独具声、色之美。宋代米芾鉴评厅石具有"瘦、漏、皱、透"之"四美"，而灵璧石不但"四美"毕具，而又以其"色如漆、声如玉"之独特美为它石所无，可综合为"瘦、漏、透、皱、蠖、伛、悬、黑、响、坚"之"十全十美"。集众萃于一身，可谓是美中之美，至高无上。综合起来，灵璧石有以下四个方面的独特之美：

一、独特的坚贞美

坚是石的主要特点，更是供石的首要条件。硬度低的奇石，易风化剥蚀，虽有好的造型、纹理、色彩等诸多奇物条件，但因其硬度低便不能跻身于奇石之林，更不能成为精品。灵璧石一般均在5~6度，保存性高于它石，肌理缜密，质素纯净，坚固稳实，有分量感和温润感。其坚贞之特质，为供石之最。

石的坚贞砭介是我国崇石和玩石的精神境界，也是我国石玩的精髓。我国文人学者借石之坚

题名：岁朝清贡　石种：灵璧石　尺寸：120×47×20cm　收藏：钱晓明

贞以喻德励志，因此对石爱之弥深。我国古代思想家、教育家孔子曾这样说过"昔君子比德于玉焉，温润而泽，仁也。缜密而栗，智也。廉而不刿，义也。瑕不掩瑜，瑜不掩瑕，忠也。浮尹旁达，信也。气如白虹，天也。精神见于山川，地也。硅璋特达，德也。天下莫不贵者，道

也。"此乃孔石论石之德，故古今名士，味乳其言，借石之坚贞来坚操励志。"七君子"之一的沈钧儒先生，一生爱石，颜其斋曰"与石居"，并为诗曰："吾生尤好石，谓是取其坚。掇拾满吾剧，安然伴石眠。至小莫能破，至刚塞天渊……"。坚贞清刚是中华民族固有的传统气

题名：空灵　石种：灵璧石　尺寸：71×69×42cm　收藏：范智富

质，也是民魂所系。中华优秀的民族传统艺术，历来都对这种精神高度珍视。我国古代青铜器质坚浑朴，体现了民族传统的应有气质，而这种气质在供石的坚、顽、丑的美学中能更好地体现出来，而灵璧石之坚更优于它石。这是灵璧石最具价值的一个重要因素。

二、独特的造型美

石是地球上最具有年代之古物，它经过守宙混沌时期强烈造山运动的褶皱、断裂、辗压和亿万年的风化雨浸、水镌土蚀等内营和外营力的自然雕琢下，扭曲劈裂、去软留坚、孔洞沟睿，嶒峻起伏，缠结纷乱，形成了各种造形奇物，天然成趣，独一无二，罕见难求的艺术品。灵璧石以它得天独厚的自然条件，形成一块块坚实青莹、造型奇特的天然雕塑品。当人们走进灵璧层峦中去踏山寻石，呈现在你眼前的有峰峦洞壑、剔透玲珑、殚奇石怪，黛色荧荧的山岩怪石，还会发现在众多的奇石中有鳞者、角者、游者、翔者、菡萏、蟠螭、仙翁、美女、菩萨、高士，或卧或立，若舞若骞，不一而喻。灵璧石之奇妙者在于造型奇巧、体态夭矫，肖形状物，妙趣天成。虽片掌之大能蕴万物之象，虽一拳之小，尽藏千岩秀，确实有"试观烟云三山外，都在灵峰一掌中"之意境。灵璧石大者高广数丈，可置于园林庭院，立石为山，峰峦洞壑，岩蚰奇巧，如临华岱。中者可作小丘蹬道、河溪步石、池塘波岸缀石、草坪散石点缀。小者可供于厅堂斋馆，或装点盆景，闲暇对坐，神趋其中，诗律歌节，琴韵画意，袅袅侧畔，顿发清思，把人带入另一境界，得到一次美的陶冶。

灵璧石在造型方面又可分为象形和奇形两类：

象形类：灵璧石有的象形状物，惟妙惟肖，使观者进入奇中见美的玄妙境地。象形石在我国石文化传统中由来已久。登上黄山就有"猴子观海"、"喜鹊登枝"等为人称道的奇石。有的山峰岩岭，以优美的故事传说和特定的故事发生地点与逼真的象形山、石相结合，而成为世人津津乐道的奇峰奇石。如安徽省怀远县的涂山，有石屹立，如妇人正襟危坐，极目远望。人们称为"启母石"。与夏禹治水奋不顾身联系在一起。相传夏禹治水，久不归家，启母登山望夫，化而为石。再如浙江境内的笔架山是与书圣王羲之的故事有关。这些都表明我国源远流长的奇石文化在中华大地上的长期延续和留存。《聊斋志异》的作者蒲松龄有一首咏象形石的诗："年年设榻听新蝉，风景今年胜去年。寸过松香生梦客，萍开水碧见云天。老藤绕层龙蛇出，怪石当道虎豹眠，我以'蛙鸣'兼'鱼跃'，伊然鼓吹小山边"。蒲松龄一生好石，现在其故居中尚陈列有灵璧石和三星石，"蛙鸣"和"鱼跃"两方象形石是蒲松龄最为得意的精品。象形石欣赏是民族传统文化，人们通过象形石的欣赏，去领悟大自然的心境，以达到"天人合一，物我两忘"的境界。这与我国古代先哲和现代人美学思想是一致的。当代著名美学家王朝闻先生曾指出："顽石引起奇石之感以致引起天然雕塑的美感，自然现象自身的特点对人们的感受的作用不可否认，但人们对它的兴趣却因主体的兴趣或素养与人格起着主要作用"。这是我国古代文人和现代学者共同的美学观点。

奇形美：奇形石不具象形，但具有瘦、漏、透、皱、顽、丑、拙、怪诸美。奇形石原始古拙，简洁凝练，抽象而又有意味。它的美美在自然天成，美在似与不似之间，其与我国书法和写意画相通。一块神韵、风采、形象生动的奇石，本身就具有强烈的艺术魅力，是人类无法创造出来的天然珍品。它不仅具有欣赏和珍藏价值，而且其本身蕴含着丰富深邃的民族文化内涵。奇石审美旨趣与我国书法的"虚象"说和中国画家的"味象"论同出一辙，意趣相通。唐代张怀灌在《文字论》中指出："深知

书者，唯观神采，不见字形……欲知其妙，刻观莫测，久视弥珍；虽出已缄藏，而心追目极，情犹眷眷者，是为真妙"。从中国的书法、绘画的审美意识，可以体悟出奇石与书法、中国画的美学思想一脉相承，意气相融。人们对奇石的欣赏，必须有一定

的学养，才能真正去欣赏奇石之美。学养愈高深，欣赏能力才愈强，才能真正领悟到一块好的奇石所漾溢出的气韵、意趣、品格、情性等并升华到"虚象"境界。不去观察奇石的象形与否，唯观奇石的神采气质，才能"久视弥珍"，"而心追目极，怀儿

题名：龙的图腾　　石种：灵璧石　　尺寸：101×35×22cm

眷眷。"或者久久留恋而不忍离去，或者一步三回头，更而甚之顶礼膜拜而不自己。子在齐闻，三日不知肉味。奇石确有如此魅力？米颠拜石，岂不是千古佳话。奇石艺术，在中国艺术家的眼里，浑涵着中国传统文化的底蕴，在现代人的美学观念中，奇形石原始古拙，造型洗练，抽象而又有意味的形式，也最适应当代人的审美心理。

三、独特的石肤美

供石特别重视石肤之美。灵璧石肤，岩嶙峋，缕簇缩，沟壑交错，窦穴参差，粗犷雄浑，气韵苍古，具有历史沧桑之风霜美。灵璧石肤表常见的纹理有胡桃纹、蜜枣纹、鸡爪纹、宝剑痕、弹子窝、蘑菇头、树皮裂、黄沙纹、鲨鱼皮龟纹、荷露、乳丁、裙褶、绉带、水道、卧沙、金星、玉脉、赤

线、蟹爪，以及通孔、半穴，交错缠结，孔洞委宛。既有原始风霜味，又有音乐韵律感。暴露地面时间愈长，愈显示出其苍老古朴。灵璧石之肤表，还有的圆润细腻，滑如凝脂，入手使人畅心怡怀。这种石把玩摩挲，愈长愈佳，火气消尽，温润尔雅，韵味十足。

四、独特的音响美

灵璧石质细腻，坚如贞玉，扣之佛之，其音玲琮，余韵悠长，有"玉振金声"之美称。故古人又把灵璧石称为"八音石"。盖"八音"之涵义是取佛典上的"八音"名数。佛经称如来佛祖佛法方面，他以特有的八种极美之音去感化芸芸众生。古人用佛典上的"八音"来赞美石是具有佛性的美好灵石。历代的论石专著以及评鉴灵璧石的专家学者

题名：静观　　石种：新疆硅化木与鸡骨石组合　　收藏：徐文强

也都把灵璧石"声音清越"作为突出特征，并大加赞赏。

灵璧石具有极高的观赏价值，并富有极高的美学内涵，因之最具收藏价值。故有"黄金万两易得，灵璧一石难求"之说。因之"一生一石"是历代癖石者对灵璧石的祈求目标。

浩浩圆宇，含蕴大璞，感信灵璧石独具灵性，是宇宙间最具传奇奥妙的混沌造化之物。灵璧石天下独一无二，世界绝无仅有，人间罕见难求，因之深具价值。可谓美玉莫竞，国之瑰宝。

灵璧石为稀世之宝，然沧海桑田，历遭百劫，历史名件，存世寥寥。今灵璧西关电影院西侧，为北宋词兰皋园遗址，有灵璧石一座，瑰玮异常。是故园遗物。苏州网师园"看松读画轩"和"冷泉亭"内各有灵璧石一座，特别是冷泉亭中的一座，玲珑剔透，摩挲声响，色极青润，状如苍鹰展翅，是灵璧石中难得的珍品。现广州市教育南路南方戏院内一方灵璧石，高丈余，立于药洲水上。"药洲"因五代南汉王刘䶮在仙湖（又称西湖）聚土炼药故名，北宋时此地为士大夫泛舟游览胜地。这方灵璧古石黛色荧荧，气象岸然，当时命名"九曜石"，上有"熙宁诸公题铭"，其中以北宋书法大家米芾所书"药洲"题刻最为称著。今河南开封市相国寺内尚存灵璧石

题名：慈航　石种：木化石　收藏：徐文强

一座，座下镌刻"艮岳遗石"四字，虽称不上佳品，但确系艮岳灵璧古石，亦弥足珍贵。现在北京多处公园亦有灵璧古石。如琼华岛上普安殿、正觉殿、见春亭、恋影亭一带的假山，其中有不少灵璧石嵯峨峭峙。故宫御花园钦安殿左右的假山，亦有很多灵璧石散叠其中。中山公园内汉白玉雕座上具有独立景观的灵璧石亦有多处。社稷坛西门外小土山之南的一座灵璧石，上面刻有乾隆御书"青莲朵"三字，原是南宋杭州德寿宫的陈列物，乾隆南巡杭州时圣谕运往北京的。灵璧古石为华夏瑰宝，存世甚少，吉光片羽不啻夏鼎商彝，应被列为珍贵文物，善加保护。同时，对灵璧石产区要严加管理，防止蛮横采伐；对新采集的灵璧石，

应择其佳者，妥善保护，为古老文明的祖国留下一份珍贵的民族文化遗产。

（本文原载《抱璞居笔丛·文化灵璧》大众文艺出版社，2009年版）

孙淮滨，当代著名书画家、赏石家、学者。安徽灵璧人，1932年2月生。为清道人高足王奎璧、吕凤子先生入室弟子。主攻书画，兼修古文经史。书画作品在国内外展览众多，并为诸多博物馆、艺术馆、碑林珍藏并刻石。现为安徽省文史馆馆员、中国民族文化研究院副院长、中国书画学会副主席、中国非物质文化遗产安徽灵璧钟馗画代表性传承人、中国创造民间文化品牌艺术家、新中国国礼艺术大师。著作有《中国灵璧钟馗画渊源探赜》《中国灵璧石宝典》《孙淮滨钟馗画》《灵韵仙姿》《孙淮滨论文集》《孙淮滨书画集》等。

鹦鹉

赵海荣 ◇ 文

这只鹦鹉虽是侧身，但鹦鹉的剪影清晰，观者可想象它那一双尖尖的嘴，正夹剥着一枚果实；黑玛瑙一样的眼睛，镶嵌在圆圆的脑袋上，转来转去，像在观察周围的美景。鹦鹉聪明伶俐，善于学习，深受大众喜爱。它效仿人言，也曾让宫女们「含情欲说宫中事，鹦鹉前头不敢言」。

题名：鹦鹉
石种：戈壁石
收藏：石博

草花

赵海荣◇文

现实中的草花株型低矮，是表现花卉的群簇美和色彩美的一种绿化装饰。此枚赏石中的草花更像传统吉祥植物蔓草。

蔓草因它滋长延伸、蔓蔓不断，因此人们寄予它茂盛、长久的吉祥寓意。细品此石草花形象丰美，宛若富有特色的装饰纹样。

题名：草花
石种：玛瑙石（画面石）
尺寸：13×7×5cm
收藏：石博

雪浪石的成因及文化价值

Formation and Cultural Values of Xuelang Stones

李秋振◇文

根据有关地质资料记载，我国目前出产雪浪石的地方大体有三处，新疆墨脱县、山东泰安市和太行山区的曲阳县为主产区。

由于这种片麻岩纹理颇似不规则的雪浪，因此目前全国各地的片麻岩观赏石统一的称谓是"雪浪石"。雪浪石有水侵石和山体石，通称水石和山石。雪浪石以石质特征、内涵命名，苏东坡曾作诗咏之，流传千古，其便有了"大宋第一名石"的美称。

Relevant geological documents pointed out that Xuelang stones are found primarily in the following three areas of China: Medog County of Tibetan Prefecture, Tai'an City of Shandong Province and Quyang County of the Taihang Mountains.

Xuelang stone, a type of gneiss stone, was named so because its texture resembled piles of snow. From then on, it turned to be a uniformed term for China's viewing gneiss stones. It is divided into two categories, according to whether it is formed by water erosion or obtained from mountain stones and is named by its texture and features. Su Dongpo, a poet of Song Dynasty, composed a time-honored poem for the stone. That's why we call it the most famed stone of Song Dynasty.

雪浪石的地理位置及成因

根据有关地质资料记载，我国目前出产雪浪石的地方大体有三处，新疆墨脱县、山东泰安市和太行山区的曲阳县为主产区（云南广西一带也少有产出）。墨脱地处崇山峻岭，自然环境恶劣，开采运输十分困难。山东泰安市雪浪石资源近于枯竭，已经封山。曲阳县地处太行山中部，交通便利，自然条件十分优越，易于开采。太行山是山西高原与河北平原间的山脉，又名五行山、王母山、女娲山，成东北、西南走向，是我国东部地区的重要山脉和地理分界线，局部地段近于南北走向，北起北拒马河谷地，南至山西、河南边境的沁河平原，绵延400余千米，中段露出部分片麻岩。片麻岩就是雪浪石，按照现代地质学解释，它是深度区域的变质岩石，有的是由岩浆岩变成的正片麻岩，有的是由

图一

沉积岩变成的副片麻岩。它的主要成分为石英、长石、角闪石和黑云母等。片麻岩早在二十多亿年前就已形成，后因地球的内动力作用，导致硅质（石英）溶液侵入才形成了现在的"黑质白脉"。有的白脉泛出肉红色、淡黄色，里面含有了钾、铁等元素。由于这种片麻岩纹理颇似不规则的雪浪，因此目前全国各地的片麻岩观赏石统一的称谓是"雪浪石"（见图一）。

《水经注》曰："因县在山曲之阳，是曰曲阳"。曲阳地处太行山东西走向改南北走向的地段，境内的大沙河、唐河是太行山中段泄洪的主河道。每当洪水暴发大量的石块冲入沙河、唐河中，因此，宋代地质学家杜绾说："中山府土中出石，灰黑，燥而无声，温然成质，其纹多白脉笼络，如披麻旋绕委曲之势"。又说："东坡常往山中，采一石，置于燕居处，曰之为雪浪石。"此当是目前关于"雪浪石"名称最早的记载（见图二）。

雪浪石的种类及特征

雪浪石有水侵石和山体石，通称水石和山石。水石因常年得水浸泡，表面较之山石光滑、致密外，与山石并无质的区别，均以黑、灰为底色，以白色、灰黄色和微红色为脉络。所以，雪浪石的分类是以外在的纹理为区别的。通常人们把它分为80多种，归纳起来有以下三大类：

1、飞瀑石：大致呈明显的竖条、斜条纹理排列，既有"飞流直下三千尺"的气势，更有黄果树瀑布"白水浩荡群山中"的宏韵。远山近水，飞瀑流霞，磅礴之势跃然于石上，使人震撼（见图三）。

2、云水石：云水石纹理以水和云的不定态势为特征，或如浪花，或如云絮，轻浪连天，风云翻卷。远观，云水交融，缥缈如仙界；近看水云相依，清新如雨后空山。云水相辅相成，互为映照，可使人广舒眼界，大展胸

图二

图三

臆，或撼人心魄，似乎听到那卷地滔天之声。其中再间以花鸟鱼虫，亭台阡陌，以及渔舟樵夫，那将是更为难得的极品了（见图四）。

3、龙韵石：龙韵石是指石体表面除有上述特征外，更有一条或多条带状白脉突出，呈玉龙飞舞或蛟龙盘踞之态。我国古代以龙为图腾，因此，龙韵石不仅有飞瀑石和云水石的恢弘气象，更表现出一种内在的民族文化，彰显着中华民族伟大气概和不屈不挠之精神（见图五）。

综上所述，嘉庆皇帝对雪浪石的特征做了如下描述："两间秀灵，蕴成奇石……体洁坚贞，纹浮润泽。"

雪浪石的文化价值及应用

石头的应用范围十分广泛，可砌墙筑路架桥，给人们的生产生活提供方便，形状奇特的可供人们观赏把玩，陶冶情操。我国用石、赏石之风始于人类之初，人依石而生，依石而兴。先人们用石筑宫造殿遮风挡雨，显示气派，供、拜石祈求平安。形状独特的灵璧石、太湖石、昆石、英石因瘦、皱、漏、透受到人们的顶礼膜拜。雪浪石因其纹脉清晰，似雪如浪、大气磅礴、体质坚硬的特点除可供人们观赏

外还能用于大小型建筑。河北省的第二大水库王快水库大坝全是用雪浪石筑成的，它常年卧身坝体，以其坚定、沉稳的性格迎逐风浪，造福人类，无怨无悔。因此，雪浪石除了观赏价值外又多了一个实用功能，是其他四大名石无法比拟的。

雪浪石的文化价值更是深邃。四大名石的名称都是依傍产地名称而命名，而真正以石质特征、内涵命名的观赏石应首推雪浪石。早在公元1093年，苏东坡任定州知州时，巡视曲阳得一奇石，但见黑质白脉，文如飞雪浪涌，酷似当时两位蜀地画家孙位、孙知微所画的"石涧奔流，尽水之变"的雪浪图，遂诗兴大发，咏出"雪浪石"诗二首，其中"画师争摹雪浪势，天工不见雷斧痕"等佳句成为后代赏石家们评判雪浪石高下的圭臬。苏翁的书屋也自题为"雪浪斋"，又

图四

命曲阳的匠人用曲阳的汉白玉雕成丈八芙蓉盆，将雪浪石供于盆中，且勒铭于盆唇，铭曰："尽水之变蜀两孙，与不传者归九原。异哉驳石雪浪翻，石中乃有此理存。玉井芙蓉丈八盆，伏流飞空漱其根。东坡作铭岂多言，四月辛酉绍圣元。"从此，雪浪石便有了"大宋第一名石"的美称。以至后来的达官要人，富商巨贾，推崇备至，争相收藏，更有文人墨客留下了不少脍炙人口的篇章。

岁月更替，苏翁的雪浪石几经磨难。到明朝礼部尚书耿裕任职定州时，雪浪石得以重现，并建众春园对雪浪石进行展示和保护。为缅怀东坡先生，他赋《中山怀古》诗一首："千载中山地，由来几替隆。繁华无赵俗，纯朴有唐风。恒岳千年峙，嘉河尽日东。蒿莱阳子宅，瓦砾靖王宫。雪浪石犹在，众春园未空。所欣得良吏，百度自昭融。"诗中提到的嘉河就是现今曲阳嘉禾山下的唐河。到了清代，乾隆、嘉庆二帝对苏东坡留下的雪浪石更是喜爱有加。乾隆帝南巡六次过定州，六次观赏雪浪石，并赋诗三十余首，又命张若霭等人绘制《雪浪石图》，三次在《雪浪石图》上题诗。嘉庆帝曾御制《雪浪石赞》，亲书于《雪浪石图》上方空隙处。此图现收

藏于国家博物馆。新中国成立后的1952年11月，日理万机的毛泽东主席视察定州时，专往众春园观赏雪浪石，并将苏东坡的铭文向随从人员做了详细解释。因为12句铭文无头无尾，怎么念都通。雪浪石由苏东坡题名，乾隆、嘉庆二帝的珍爱，毛泽东主席的眷顾，其文化价值和内涵是博大而深邃的。

明园，也请雪浪石入园镇压"邪气"。由此可见，雪浪石的文化价值和王者气概及经济内涵，寥寥几笔是无法描述的。

雪浪石以大体量雄伟壮观著称，也有玲珑精品或把玩或置于厅堂、案头。忙忙碌碌的人们，久居繁华都市的人们请一方雪浪石入室，等于把浓缩的山川河流引入了雅室，零距离接触、亲近

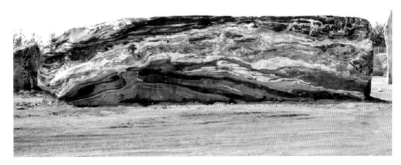

图五

雪浪石又称北泰山石。现在山东泰安的石商把曲阳的雪浪石运去，当做泰山石卖。雪浪石以其高大坚硬，气势磅礴的特点被机关、学校、企业、公园用做门面石、标志石或镇店石。河北省审计厅将雪浪石置于大门左侧并附以修竹，石上书"真石"二字，使过往人等望之肃然起敬。曾经遭受八国联军蹂躏的圆

自然，与大自然交流，说说心里话，排遣心中的郁闷和不快，情操得到陶冶，心灵得到净化。思想的翅膀还可随灵动的山水远游，走到哪儿算哪儿，一路都是奇峰妙境。

雪浪石以其独特的品位再次闯入了人们的世界，受到了人们的钟爱，可以说她的前景是十分广阔的。

美狐

狐

红孩 ◇ 文

这是只一千年前的狐狸，
流落在茫茫如海的戈壁；
看惯了草地上花开花谢，
听熟了长亭外鹰飞鸟啼；
还有梦醒时分的失魂，
世事沧桑揪心的合离。

题名：美狐
石种：葡萄玛瑙
尺寸：90×64×23cm
收藏：石多才

羊

赵海荣◇文

青青的芳草地，一只憨态可掬的小羊在小憩，不时扭头看看身边，观者似感觉到它「母亲」就在不远。古文字中「羊」与「祥」通假，常把「吉祥」写作「吉羊」。并说「有五色羊，以为瑞」，此「羊」色彩多重而又层次分明，十分难得。

题名：羊
石种：玛瑙
尺寸：10×9×9cm
收藏：石博

江山

赵海荣 ◇ 文

这两枚赏石因字而奇，因字而贵。"江山"两字汪洋自肆、豪放自如、浑然一体。让人在赏石的同时，感受到冥冥之中大自然的神奇造化。

题名：文字石"江"（左）"山"（右）
石种：黄河石
尺寸：26×19×10cm（左）　30×26×16cm（右）
收藏：陈俊茂

题名：和平鸽
石种：玛瑙
尺寸：28×12×10cm
收藏：石博

赏识景观石

On Appreciation of Landscape Stone

谢礼波◇文

　　景观石，按其形态可分为自然景观和人文景观两种。自然景观石一般表现为不同形态的山形，人文景观石表现为屋舍、亭台、城堡、舟桥等人工建造的景观。当然，有时也会出现既包括自然景观也包含人文景观的综合型景观石。

　　从出现几率看，山形石是自然景观石乃至广义景观石的主要形式。

Landscape stone exhibits itself in natural and humanistic forms. While the former conveys hills of various shapes, the latter denotes to established landscapes such as houses, pavilions, castles, boats and bridges. It is certainly not unusual to see a mixed kind of landscape stone presenting both features. In general, mountain–shaped stone is the major form of natural landscape stone or even landscape stones.

　　"景观石"术语包含两层意思，一指各种建筑物、花园、园林、城市景观中用于点缀、装饰环境的石头；一指室内供石中能够呈现自然景观或人文景观的造型类奇石，前者常见大型或巨型，后者以标准石和小型石居多。本文探讨的"景观石"仅指后者。

景观石可遇不可求

　　从自然属性看，不管是江河湖海的水冲石、戈壁沙漠的风砺石，还是溶洞里的溶蚀石、土里开采

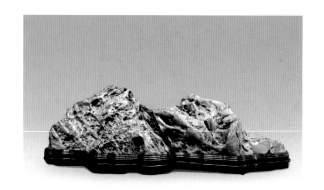

景观石 1　自然类　双山

的无根山石或者有根山石，以至古植物化石、矿物晶体，都有出现景观石的可能。应该说，景观石的资源，还是比较丰富的。但是，实践告诉我们，石头中"不似"的易得，"似"的难得，景观石既然属于具象类型，当然就不可能俯拾皆是；一块理想的景观石，是可遇而不可求的。

以审美属性分类，景观石属于造型石类型。图纹类型的奇石，虽也有表现自然景观或人文景观的，但作为图纹石中的一类，我们一般将其称作风景画面石，而不称作景观石。稍一比较，我们便可发现两者之间的不同。一是平面一是立体自不必说；还有就是景观石呈现的景观，不管是自然景观抑或人文景观，都只有主体而没有诸如天空、太阳、云彩、雾霭、星月、湖海等背景（有的山形石"山"上的白色共生物被看作云雾、流水除外），更不可能有以天空、太阳、云彩、雾霭、星月、湖海为主体的景观石。风景类的图纹石则不同，天空、太阳、云彩、雾霭、星月、湖海等，都有可能成为画面的主体与背景，这也正是风景画面石之所以叫做风景画面石而不叫做景观石的原因。

景观石的类别与演示

景观石，按其形态可分为自然景观和人文景观两种。自然景

景观石 2　自然类　群山

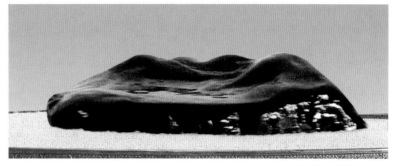

景观石 3　自然类　远山

景观石 4　自然类　岩

景观石5　自然类　独峰

演示。山形石的配座，一般是配以尺寸低矮、线条简单的随形木座。尺寸低矮、线条简单，这是山形石配座的两条基本原则。因为不论其景观是近景、远景，全景、局部，或者矮峦、高峰，木座只有做得尺寸低矮，形式简单，才能彰显景观的气势和韵味；木座尺寸过高，造型繁复，刻鸟雕花，都会使作为主要观赏对象的山形石失去气势和韵味。如果是大型的山形石，为了演示方便，可在配制低矮木座后，加制一个高脚的支架来单独搁置。

使用沙盘，也要选择浅的"盘"而避免使用深的"盆"，道理如上所述，不赘。需要探讨的是，山形石置于沙盘，并不等于山石盆景，因为它仍然是奇石艺术而不是盆景艺术。置于沙盘的山形石，虽也可以经营位置、调整角度，但奇石艺术却绝对

观石一般表现为不同形态的山形，人文景观石表现为屋舍、亭台、城堡、舟桥等人工建造的景观。当然，有时也会出现既包括自然景观也包含人文景观的综合型景观石。

从出现几率看，山形石是自然景观石乃至广义景观石的主要形式。山形石，按其所呈现的形态特征，可分为全景山形和局部山形两类。全景山形以其形态特征可分为远山、近山、独山、双山、群山、独峰、双峰、峦、岛、矶等；局部山形如岩、窝、洞、窟、悬崖、峡谷、剑门等。景观石的自然景观类型与人文景观类型不尽相同。自然景观石，即山形石可选配座或者沙盘、平板摆布等方式进行

景观石6　自然类　危崖

景观石7 自然类 悬崖

石以能够独石成景的价值为最高，需要组合才能成景的价值次之。所以，置于沙盘的景观石，注意尽量不要组合。

除了配座和置于沙盘，山形石的演示也可以采用平板摆布的方式。这种方式，除了和沙盘演示一样，有利于拓展景石的观赏内涵，引导赏者放飞思绪之外，还有一个好处是，在一些景石底部不平整，虽加以垫衬也无法立稳的情况下，采用木质平板，可以通过挖坑等方法解决景石立稳的问题。

不管是采用沙盘还是平板，不管表现的是山、峰、峦、嵫、崖、岛、矶，景观石的取材和摆布，都应该具有稳固感，取材要避免采用"云头雨脚"形态的石材，演示要避免出现头重脚轻的效果。如果是采用配座的形式，则另当别论。

人文类型景观石的演示，一般采用配制木座或平板摆布的方式，采用沙盘摆布的少见。配座，一般也不特别强调尺寸低矮和造型简单，而是视景石的具体形貌、具体内涵进行具体处理。如一块拟作"拱桥"创作的景石，"桥"的两头缺乏台阶，你可以利用木座造型为它两头补充台阶，使它看起来更像一座拱桥；一块拟作"天坛"创作的景石，"坛"的下部缺乏白石栏杆，你也可以利用木座造型为它补充白石栏杆，使它看起来更像天坛。以上

不允许对石头进行切割、黏接和雕琢，沙盘里面的景石，只能是一块百分之百的天然石头。虽然可以适当添置摆件，但切不可以过多过滥。同是天人合一的艺术，奇石艺术比之盆景艺术，"人"的成分就要少得多。

沙盘，顾名思义，就是浅盘里面铺以沙子。沙子配合景石，虽可表现沙漠、戈壁景观，但大多数情况下还是以平铺的沙子代表水面，配合景石，表现临水的山、峦、悬崖、孤岛等景观。沙子虽也可以代之以水，但实践说明，还是以沙为宜。因为沙子便于掩盖景石底部的某些缺陷，而且可以免去经常换水的麻烦。景石底部因不平整难以立稳的，可以采用垫衬的方法使其立稳，尽量保持石头的天然完整状态，不要切底；石头一切底，就成为切底石，降低档次，降低价值。

沙盘上的景石，能够独石成景的，以独石演示为佳，不要添置配石。添置配石不是不可以，而是性质改变了，改变成为组合石。当今赏石界组合创作成为时尚，许多单品石一经组合，艺术价值倍增。但是，景观石却与其他审美类型的造型石，如人物石、动物石、器物石、抽象石等不一样。景观

景观石8 人文类 拱桥

景观石 9　人文类　屋舍

景观石 10　人文类　城堡

景观石 11　人文类　宫殿

景观石 12　人文类　舟船

两例，只要座、石比例得当，不喧宾夺主，都是可以让人接受的。

景观石的意蕴与想象

景观石的欣赏可归结为两个点：一为气势，一为意蕴和想象。不管是表现自然景观的还是表现人文景观的景观石，欣赏的主要是气势和意境。不过，对自然景观我们偏重于赏势（气势），对人文景观我们则偏重于赏意（意境）。

自然景观的景观石主要表现为各种形态的山形石，它们有着各自的形貌、姿态特征和气势。石表变化比较平缓的是远山，它有辽远、平缓的气势；石表皱褶、凹凸变化的是近山，它有巍峨、壮大的气势；它整体呈高耸状的是峰，有挺拔、峻峭的气势；只呈现或者主要呈现山的局部，具有垒、险特点的是岩，它有垒巉、嶙峋的气势；下部稳固，上部有局部斜出或飞出的是悬崖，它有惊险、凌厉的气势；群山恢宏壮阔，群峰雄奇俊伟……

意蕴和想象，是指艺术作品中呈现的那种情景交融、虚实相生、活跃着生命律动、韵味无穷的诗意空间与想象空间。一切艺术作品，都应该具有深厚的意蕴与丰富的想象。山形石是不予人工斧凿、完全天然的"盆景"，同样应该富有诗的意蕴与想象。山形石的意蕴与想象，常常和它的气势共生并存。具体的山形石，呈现的形态特点各不相同，如山有独山、双山、群山，峰有独峰、双峰、多峰、群峰，山景有局部、整体、全景、大全景等，意蕴各有千秋。人文景观的景观石，诗的意蕴与想象显得尤为重要。越是生活阅历丰富，文化素养深厚的人，越可能给人文景观石赋予更深邃的文化内涵，领略更丰盈、多彩的诗情意蕴与想象空间。面对一座拱桥，你可以想象到美丽的江南水乡，也可以想象到"圯桥拾履"的历史典故；面对一座老屋，你可以想象到自己的故乡，也可以想象到"三顾茅庐"的经典故事……所以，那些能表现屋舍、庙宇、亭台、牌坊、古桥、古堡、古城、古塔、舟船等景观的造型石，都是富有诗意韵味的景观石。

仕女图

赵海荣 ◇ 文

仕女图多反映贵族妇女的生活，这幅大自然的杰作简约利落，颇有古意。人物体态纤丽淑婉、轻盈修长、生动自然，昭示着贵族女子超凡脱俗的飘逸美。

题名：仕女图
石种：黄河石
尺寸：18×17×5cm
收藏：赵天佑

元宝

—— 漠南◇文

一叶轻浮的小船，
随风不停地飘转；
有时还嫌贫爱福，
总在富人家讨欢。

它会使人失去动力，
它能让你止步不前；
世界总是相对的，
切莫穷得只剩下钱。

题名：元宝
石种：葡萄玛瑙
尺寸：10×10×9cm
收藏：张林胜

秀丽山川

———————— 赵海荣◇文

这是一幅浓墨重彩的"山水画"，我们可以体味到它的意境、格调、气韵和色调。这幅"画"给人的第一感觉就是气势雄强，巨峰壁立，几乎占满了画面，山头杂树茂密，远山错落有致，溪山深虚，密林深处若有水声……

题名：秀丽山川
石种：黄河七彩石
尺寸：30×22×8cm
收藏：杨永山

雨花石的取名艺术

The Art of Naming Rain Flower Pebbles

柏贵宝◇文

一切艺术作品，不论是诗歌、小说、绘画，乃至盆景、根艺、石雕等，作者都要给作品取个恰如其分的名字，引导读者或观众，深入其境，领略无限风光。雨花石是天然艺术品，每一枚可观赏的雨花石断不可无名。好的命名，可以提高雨花石的审美情趣与审美价值。雨花石界对雨花石取名素有讲究，一般有一定文化素养的人，得到一枚有观赏价值的雨花石都分四步来命名。第一步"观赏"雨花石的正反、左右；第二步"拟题"，选择几个合适的石名；第三步"选题"，在拟题的几个石名中选择最佳石名；第四步"定名"。通常来讲，雨花石取名不能像"青菜、萝卜与杂烩"一样太平、太淡，其中也要讲点方法。在雨花石的取名过程中，本人总结出六种方法，供石友们参考，不妥之处也请石友们匡正。

一、直觉取名法

直觉取名法是以人对雨花石的直觉感悟所确定的形象，像什么就取个什么名。此法一般用在具象雨花石上，如《青梅竹马》（见图一），此石红与白搭配，石的长宽3.6×2.5厘米，石下方的红色呈现

出两位孩童，背衬白色，无一点干扰之色，清清爽爽，主题突出，一男一女，女孩穿着红衣裙，男孩穿着红衣服，男孩身后还有一个花灯玩具，像过年似的，都穿着红红火火的衣裳。一看第一感觉就使人想起青梅竹马、两小无猜的命题，故定名为《青梅竹马》。

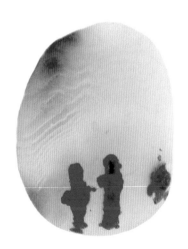

图一 题名：青梅竹马 尺寸：3.6×2.5cm 收藏：柏贵宝

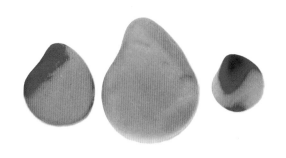

二、 以形取名法

以形取名法是根据雨花石的外形来取。如图《寿桃》（见图二），图中三枚石头的形状和颜色恰到好处地呈现出可人的桃形，那黄澄澄的就像秀色可餐的水蜜桃。一观外形就联想到桃子，故直接定名《寿桃》。

图三　题名：梅花三弄　尺寸：5.3×3.6cm　收藏：倪传明

三、 借用取名法

此法是借用一些歌曲之名或以自己的特点借用别人的名字，拿来便用，简单省事。如倪传明先生的一枚《梅花三弄》（见图三）雨花石就采用此法。石的长宽5.3×3.6厘米，在小小的画面中呈现出一幅梅花的迷人画面，那色调恰到好处地体现出梅花的妩媚感。那倩影迎春、怒放争艳的画面有一种勾魂摄魄之感，让人感受到梅花的诱人魅力，使人联想起一首唱响全国的歌曲《梅花三弄》。

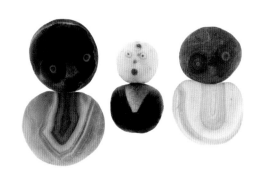

图四　题名：三个和尚　　收藏：柏贵宝

四、 成语、典故与寓言取名法

成语、典故与寓言是华夏民族文化的瑰宝，用此法为雨花石取名，能起到引人入胜、耐人寻味的效果。著名藏石家刘水先生就用典故《庄周梦蝶》为他的一枚雨花石命名。曹德雷先生一组藏石用成语《鹬蚌相争》来取名，一枚为"河蚌张口"，一枚为"鹬鸟伸头"，两枚组合耐人寻味，若再用张建生先生的一枚"渔翁探水"相配，那就更加天衣无缝，妙趣横生，一观便知"鹬蚌相争，渔翁得利"。我用6枚雨花石组合成"三个和尚"（见

图四），并用《三个和尚没水吃》的寓言故事来命名。石中三个和尚的脸部表情，姿态各异。胖胖的身子，大大的眼睛，圆圆的脑袋，惟妙惟肖，活灵活现。老和尚瞪着双眼，好像在训斥着两个和尚："你们还不去抬水，难道还要我去吗？"那个大和尚爱理不理地歪着头像在说："水应该是小和尚去挑，他的'学徒'期还未满呢。"小和尚两只大眼睛骨碌碌地转，灵机一动跑到老和尚身边争辩说："我还小呢，您不是常说大的要照顾小的吗？水应该他去挑"。老和尚气得满脸铁青，大和尚急得脸色通红，小和尚争得脸色发白，但却还在相互争执，相互推诿，水始终未担来。观赏此组雨花石时使人在欢愉中得以启发。

五、 以景生情法

此法适用于雨花石中呈现出的画面能与名胜古迹有相连之处，并能通过观赏画面延伸出一段故事或一段佳话。如《仙游御花园》（见图五），石的

图五 题名：仙游御花园 尺寸：5.2×4.4cm

长宽5.2×4.4厘米，画面就像一位丹青高手刻意的佳作。御花园是皇家花园，园内景致松、柏、竹点缀着山石，形成四季常青的园林。建筑布局对称而不呆板，舒展而不零散，玲珑别致，疏密有度。园内甬路均以不同颜色的卵石精心铺砌而成，组成900余幅不同图案，沿路观赏，妙趣无穷。倚北宫墙用太湖石叠筑的石山"堆秀"，山势险峻、秀美。山上的御景亭是帝、后登高赏景的好去处。看到此石的画面，仿佛就像在御景亭上瞰御花园的美景。分布在石中的点点红色与棕色似宫女、侍卫、太监们在忙碌的身影，又似开放着不同颜色的花。石中部的丝丝纹路仿佛是曲曲折折的赏景小路，石的下方丝纹形成了潺潺流水，充满了灵动之感。石的下部像溪流汇集成的一池碧水，碧波荡漾。石的上部黄色仿佛是绿荫中的宫墙。整幅画面让人怦然心动！它，华美大气，或仙或雾，水桥涧溪勾勒其中；油黄高贵，翠绿风雅，五色巧织；画面疏密井然，远近清晰，层次分明，人物贯穿景色之中，情态动感各异，凝精气神于一体，聚山水人共此处。以前总以为仙境不在人间，仙境是一种向往，一种追求，一种传说。谁料到，眼前这枚雨花石让我久久不能左右自已，好似灵魂出窍，幽幽乎乎之际仿佛自己成了皇帝，在宫女、侍卫、太监的簇拥下仙游御花园。

六、 意境取名法

在雨花石审美中悟出的某些景象，观后能给人以联想的效果，达到出神入化，小中见大的功效。《极地之光》就是用意境取名（见图六）。石的长宽5×4.5厘米，石中三色，淡灰色、黑色与鱼肚白。石下方的黑色呈现出广袤的大地，上方的淡灰色展露出广阔的天空，妙就妙在石的中下方天地之间的衔接处显现出一条鱼肚白的线条，非常诱人。这一线条勾画出一幅意蕴深远的图画，给人感觉那景致很深很大，似大草原上的早晨，太阳即将升起的一刹那，天地之间展现出的希望之光。就是这一

图六　题名：极地之光

线鱼肚白给此石增添了生机，充满了憧憬。静观其中，仿佛是一幅摄影作品，景深、速度、焦距、画面选题都恰到好处，就像摄影高手之作。摄影画中一派天籁景象，没有一点城市的污染和嘈杂，给人一种超凡脱俗之感，像是一个遥远的梦，美丽极了！

以上总结出的六种取名法是通常采用的，其实远远不止这些，雨花石界的朋友们在玩赏雨花石的过程中，还采用其他几种取名法，比如以色、质取名和以"无题"取名等。总之，取名要恰到好处，方能起到画龙点睛的效果。

在雨花石的取名中要有点讲究，就是说一要名符其"石"，忌人为拔高，漫无边际，名不符"石"。对石名要比喻恰当，不能牵强附会。比喻恰当，紧扣主题，合情合理，往往会收到事半功倍的效果。似是而非、勉强为之、牵强附会则会贻笑大方。

二要雅俗共赏。要贴近生活，语言大众化，越是朴实，越是平常，读者就越能体会深刻，也能感人。李白有句诗："清水出芙蓉，天然去雕饰"。在取名中切忌生僻，用一些虚无缥缈、陈腐、难懂的辞藻，看似华丽，实则无用，给人哗众取宠，不着边际之嫌。

三要引典准确，切忌生搬硬套。引用成语、典故首先要弄清原意，并要与雨花石的画面吻合，方能画龙点睛，起到启迪与升华的效果。与原作、原意不符，硬性照搬，会给人南辕北辙，词不达意之嫌，还会惹出笑话。

四要情理交融。要抓住雨花石的画面本质，寻求真意真趣，起上一个好的石名，有情有趣，有理有度。看到石名与画面就能激起情感波浪，引起思考，受到启发。

五要言简意赅，创意新颖。新就是要有自己的创意，不步后尘，另辟蹊径，不落俗套。石名最多不要超过七个字，通常用四字为妥。古诗句多为五言七言，可视具体情况而定，有时七言也可缩为四言，如"春江水暖鸭先知"，可缩为"春江水暖"。

六要立意含蓄。立意含蓄是要有一定的文化功底与修养，方能体现出石名的含而不露，观者也要有一定的见识，方能看出藏者的构思巧妙，意境深远。一次展览，一位教授为他的一枚藏石取名为《深山藏古寺》，石中画面满山的松翠，石的下方呈现出一个小人，光着头，像个小和尚似的，画面中没有寺庙的踪影，乍看石名与石头不符，细品越嚼越有味，寺庙在哪里？在大山里，既然有小和尚下山必然有寺庙，这个命题藏而不露，别有一番情趣，从中显出收藏者的文化功底。妙哉！

为石取名是一门学问，也是一门艺术，在取名的过程中乃是一种享受。在选字炼句中，也能留下许多美谈。只要认真学习，深刻观察，一定能使人百读不厌，其乐无穷。

大鹏展翅

赵海荣◇文

广阔而宁静的万里蓝天，大地上万物心襟也变得博大而悠远。一只待飞的大鹏，一声嘹亮的嘶鸣，绵长而清扬，顷刻间掠过一道黑色的闪电。大鹏扶摇直上九万里，与自由为伍，以清风为伴，流连徘徊在广阔的天际，也激发我们的思绪飘散到天际与之同行。

题名：大鹏展翅
石种：葡萄玛瑙
尺寸：130×60×50cm
收藏：李智善

仙女下凡

漠南◇文

天宫圣殿多娇媚，
舒袖载舞喘微微；
倾城两靥西子羞，
闲静时如花照水。

题名：仙女下凡
石种：黄龙玉
尺寸：30×15×5cm
收藏：张峪彬

石头上的艺术

——浅谈南京雨花石雕件

Chinese Art On Stones: Carvings of Nanjing Rain Flower Pebbles

邵飞◇文

玉石的种类非常多，有白玉、黄玉、碧玉、翡翠、玛瑙等，雨花石就属于玉石的一种，而且均为籽料。

玉石雕刻是中华民族最古老的技艺，早在新石器时代，我们的先民们就有了琢玉的本领，古语说"玉不琢不成器"，在中国古代，以佩戴雕琢好的美玉来衬托君子温和儒雅的风范。

南京的"通灵宝玉"——雨花石，经设计雕琢成为精美的工艺品，称为雨花石雕件。设计师和雕刻师们在制作过程中，根据不同质地雨花石的天然颜色和自然形状，经过精心设计、反复琢磨，才能把雨花石雕刻成精美的工艺品。方寸之间，人物花鸟，走兽鱼虫，山水亭台，苍松古柏，惟妙惟肖，栩栩如生，工艺师们用自己的思想和技艺赋予了雨花石新的生命，堪称雨花石上的艺术。

雨花石雕件在制作上因材施艺，

玛瑙玉髓雨花石雕件

尤以俏色见长。一般从雨花石的质地、色泽、纹理入手。雨花石雕件质地坚硬，品种丰富，既有玛瑙、玉髓的晶莹剔透，色彩绚丽，又有蛋白、蜡石的色彩柔和，温润细腻。

那何为精品雨花石雕件呢？雨花石雕件精品必有三绝：一绝是"料佳色美"，色美料稀，细腻纯净；二绝是"精工细作"，技法精湛，精雕细琢；三绝是"俏色创意"，创意精妙，俏色巧用。每一件精品雨花石雕件都是天人合一的杰作。

一、料佳色美

选料是雨花石雕刻的首要任务，好的料子，可以雕出精美的作品。最完美的料子是色好、形好、质好，且好料子凤毛麟角，可遇而不可求。要在千万雨花石中选出精品雕刻料并非易事，雨花石选料综合了鉴别、审美、基础设计等多方面的艺术修养，需要专业和丰富的知识，还要加上一点点运气。有些料石还需要像翡翠赌石一样开个天窗，来观察里面的质地和颜色，强光手电也是选料行家必备的武器，精选出的雨花石料，质地要好，细腻、纯净、温润，色彩要丰富。值得指出的是，一些质好色好，但是外形不好或是有少许裂纹和杂质的料子完全可以列入精品原料，因为这些缺陷可以在后期制作中

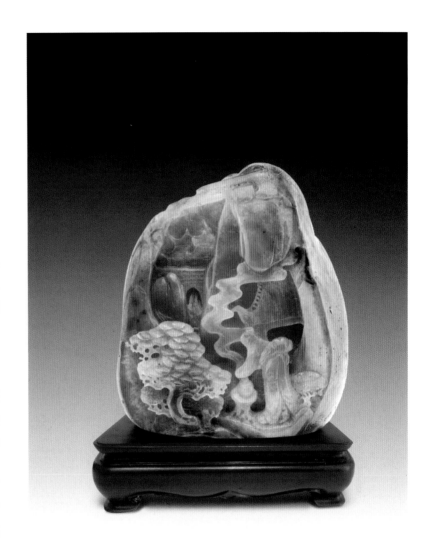

玛瑙雨花石雕件

通过"破形留神"，"剁脏去绺"等方法处理掉。化瑕为瑜所创作的作品，不但不影响作品的艺术价值，反而能使作品更形象生动，增加逼真之感，达到普通雨花石雕件料所达不到的效果。

南京雨花石品种繁多，就质地而言，选其中适合雕刻且具有

代表性者，大致有以下几种：

蛋白雨花石——雨花石中的宝石：像钧窑的乳浊釉，细腻温润柔和，色彩斑斓，不逊于和田，其中红色、胭脂红、紫罗兰、黄色、乳白色、青绿色者最为珍贵，一块蛋白石上有多种颜色者最适合俏色巧雕。

水红雨花石——雨花石中的鸡血石。石质纯净细腻，半透明，其中鲜红和胭脂红者最是珍贵，可谓万里挑一。灯光一打，色泽鲜明，晶莹剔透，娇艳欲滴，恰似那"灯光冻"。水红雨花石石质硬而脆，多用于雕刻手把件，品大做成山子摆件者比较稀有。

黄蜡雨花石——雨花石中的"黄龙玉"，黄色最为尊贵并具有神秘的色彩，为历代皇家所钟爱，她有和田玉之温润、田黄之色泽、翡翠之硬度、寿山石之柔韧。此类石形较大者最适合做山子摆件。

玛瑙玉髓雨花石——《红楼梦》又名《石头记》，《石头记》中的主人翁贾宝玉是"通灵宝玉"幻化成的，通灵宝玉"大如雀卵，灿若明霞，莹润如酥，五色花纹缠护"，这就是南京雨花石中的玛瑙丝纹雨花石。玛瑙纹理色彩丰富，常用于做手把件，俏色手把件精品较多，但大的俏色摆件极为少见，只有其中一类颜色单一，色彩较深的松香玛瑙，常被用作雕刻摆件之用。

油泥雨花石——她有着紫砂的颜色，美玉的细腻，做成手把件和山子摆件，不以娇艳动人，却以沉稳大气征服了众多藏家的心。

二、精工细作

雕工的细腻程度是影响雨花石雕件艺术价值的重要因素，好的设计创意，只有通过好的工艺才能得以体现。

雨花石雕刻技法主要集中在：浮雕（浅浮雕、中浮雕、深浮雕）、透雕（镂空雕）、圆雕（三维立体雕）。

雨花石雕刻采用的具体方法为：1、"破形留神"，通过改变原料外形，取精华部分，设计雕琢，以满足手把件俏色和把玩需求；2、"因材施艺"，有些雨花石本身具有造型特点，尤其在山子雕摆件中，保持石头原有外形，稍加巧妙处理，就可以得

黄蜡雨花石雕件

到天人合一的极佳艺术效果。

3、"按题选工",好马配好鞍,好料选好工。各地工艺,各有所长,根据设计创意选定的雕刻题材,选用合适的雕工才能最好的表现作品的艺术价值。

目前,南京雨花石主要是河南工、扬州工、福建工和苏州工。商品件(俗称"通货")工艺主要为河南工和福建工,因为这两地玉器市场大,有大量学徒工,性价比高,适合商品件的运作。很多人由此误以为河南工就粗放低档,其实不然,很多国家级的玉雕大师均来自河南,扬州、苏州很多名家的工作室也多雇佣来自河南的工艺师在后场进行玉雕创作而不为人知。笔者认为,目前各地雕刻水平都已经很高,工艺的好坏主要取决于工价的高低,只是在各地的擅长雕刻题材方面有些差异。例如:"福建工"受西方艺术影响,很多设计就难为雨花石藏家接受。而"扬州工"讲究章法,工艺精湛,造型古雅秀丽,其中尤以山子雕最具特色,制作的手把件也是儒雅、灵秀、精巧,最受雨花石藏家喜爱。"河南工"通过挖掘、整理传统技艺,吸取外地经验,逐渐形成了自己的独特艺术风格,精雕细刻、技法精湛,可以驾驭各种题材,即善雕刻小巧玲珑的配饰、把件,又能制作较大的山水人物,亭台楼阁。"苏

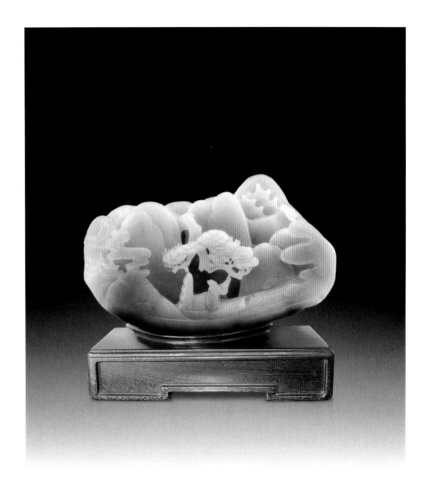

黄蜡雨花石雕件

帮工"以小件为主,擅长雕琢软玉和田,在雕琢质地较硬的雨花石上性价比并不是最高的。目前大部分雨花石俏色精品雕件都出自"河南工"和"扬州工"。

三、俏色创意

创意精妙,俏色巧用为雨花石雕刻艺术的灵魂。雨花石丰富的颜色和玉一样的质地为制作中巧用俏色提供了良好的物质基础,亦使雨花石雕件精美、形象、生动逼真,给人栩栩如生、活灵活现的感觉,而使世人倍加真爱。

俏色的运用手法应注意"顺色"取材(顺色,是指俏色与所表现对象的色调基本相似或相近而言)。依据少而精和恰到好处的原则,尽量将俏色安排在作品的主要位置。有些正反俏色料,

黄蜡雨花石雕件

"返瑕为瑜"。最后是"不花"，对作品中多色的处理，要以色的体量大小，色的主次，色的位置高低前后，作统一安排，能合情入理，十分贴切，不给观赏者以眼花缭乱之感。精妙地运用俏色，可以起到画龙点睛、化腐朽为神奇的功效。

玉取自温润刚韧之材，器精于匠心独具之工。"道以成器为形而上，器以载道为形而下，形成于道而现于器。"玉器伴随中华民族走过几千年的历程，古代的中国琢玉技艺历经数千年磨炼而日益精进，担负起记载历史，传承文明的重任，中国玉雕艺术屹立于世界艺术之林。

雨花石精品雕件以其缜密坚韧的质地、天然艳丽的色泽，精美的设计和雕工成为玉雕家族的后起之秀，征服了所有热爱雨花石雕件的中国人。随着雨花石资源日渐稀少，限制开采和不可再生，雨花石雕件的价值将越来越高，其珍贵性和稀有性必将持久不变。

玩石旨在赏石悟性，陶冶情操，以石为友，以石为师，修身养性，彻悟神会，洁净心灵，在赏石、品石中感悟人生……而以上这些，通过把玩雨花石雕件都能达到，就有了"玩"的意义。赏石要悠然自得，要大度一点、宽容一点、潇洒一点，求大同，存小异，悟石道而养性，通石理而修身。

可采用"移料法"，以使俏色全部移位到正面，从而充分巧妙地利用雨花石固有的色调和形体，使料的质、色、形均与题材内容相吻合。

雨花石俏色有三个不同的境界表现，叫做"一绝二巧三不花"。

"绝"当为雨花石俏色巧雕技艺中的最高境界：绝无仅有、绝处逢生。犹如万绿丛中一点红，出其不意地引起观赏者拍案叫绝。"巧"指对作品中主色外的一或两种异色，或在琢制中突然冒出的异色的匠心独运的处理与应用，即

老寿星

赵海荣◇文

观赏这枚奇石，你仿佛感觉到冥冥之中有一种超自然的神奇力量存在。这是一幅天然的画，画面是一位身披大氅的老寿星，老人鹤发童颜、表情丰富、美髯拂胸，人物五官比例协调，天然去雕饰，而这一切都是大自然的杰作。

题名：老寿星
石种：黄河石
尺寸：25×13×6cm
收藏：吴国章

浅谈和田玉雕件的收藏要点

Notes on Collecting Carvings of Hetian Jade

李永广◇文

和田玉同翡翠一样，多年来一直是国人鉴赏收藏的重点玉石之一。在鉴赏收藏的基础上，许多收藏人还对高档玉石的投资进行了有益尝试，收到了良好的回报。和田玉雕件，以其优秀的玉质、厚重的文化、巧妙的设计和精良的做工，成为宝玉石收藏人收藏、投资的重点之一。一些名家名师的创意之作，往往在设计之初即被玩家争相预订，这充分显示了和田玉雕件在广大玉石爱好者心中的重要地位。

赏石和赏玉虽属两个不同的门类，但自古以来就密不可分，玉本来就是"石之美者"。许多赏石名家对鉴赏玉石本来就有很深的造诣，不少玉石爱好者同样亦为奇石爱好者。赏石和赏玉都需要高雅的情趣，独到的眼光和果断的作风，所以赏石爱好者了解一些和田玉及雕件鉴赏收藏的知识、趋势和行情，将大有裨益。

下面将就和田玉的涵盖范围、收藏和田玉雕件的注意事项及雕件题材的基本评价简述于后，供广大赏石爱好者参考。

题名：山子抚琴　石种：和田糖白玉

一、和田玉的涵盖范围

(一) 狭义的和田玉

狭义的和田玉概念，仅指产自中国新疆维吾尔自治区和田地区、喀什市、巴音郭楞蒙古族自治州范围内、昆仑山西段和阿尔金山海拔3500~5000m的高山上以及和田河及其上游玉龙喀什河、喀拉喀什河等河流中的玉石。整个地段西起昆仑山西部的塔什库尔干县大同玉矿，经密尔贷到叶城县西河休总长70千米的矿化带。东至昆仑山东部、阿尔金山一带且末县至若羌县，总长220千米的矿化带。其中且末县的山料矿点主要分布在哈达里克河、塔特里克苏等地，若羌县的山料矿点主要分布于库如克萨依至黑山一带。这些地方出产的和田玉成因特殊，以微晶和隐晶质的透闪石为主，自古以来就因玉质优秀、利用广泛、历史文化方面地位重要而位居四大名玉（其它三种为辽宁岫岩玉、河南独山玉、湖北绿松石或陕西蓝田玉）之首。由于和田玉产地昆仑山的神秘、和田玉玉质的优越，它与古代政治、宗教、文化、艺术的紧密联系，随之产生了东方特色的古代玉文化，以和田玉为代表的软玉，一直在中国人心目中具有崇高的地位。

清　白玉雕笛仙摆件

(二) 广义的和田玉

虽然和田玉在中国玉石文化中占有重要的地位，理论上和田玉仍然有丰富的藏量，但高海拔的恶劣条件限制了人类的勘探与开采。即便已发现的矿点能够正常开采，所产玉石符合工艺要求的并不多，优质的琢玉料更是非常稀少。在这种情况下，同在昆仑山脉东段的青海格尔木地区、与昆仑山同属一条成矿带的俄罗斯萨彦岭及贝加尔湖周边地区，先后在20世纪90年代初，重新发现并开采出了与和田玉品质相当或接近的优质透闪石玉。这些玉石按照2003年新的国家珠宝玉石质量标准，都被称为和田玉。后来韩国春川地区所产玉石，以及辽宁岫岩的老玉、贵州罗甸等地所产的玉石，由于同样符合新的国标，亦被称为和田玉。和田玉的名称，已由地域（产地）名称，变化为以透闪石为主体的软玉的统称。所以在目前国内的软玉市场上，真正产自新疆的和田玉数量很少，大量被称为和田玉的透闪石玉，实际产自其他地方。由于这些玉石均符合新国标的地质学、矿物学标准，并且质感大多符合玉石界的工艺标准，所以成为许多和田玉雕件的材质用料。但不可否认，由于新疆和田玉数千年来在国人心目中的重要地位，尽管符合新国标的和田玉占据着市场的重要份额，但传统正宗的和田玉仍然稳坐在玉石收藏的金字塔顶端。

（三）和田玉的类别和品种

1、新疆和田玉的类别和品种

从形状上讲，传统的和田玉分为山料、山流水料、戈壁料和籽料四大类，但按现代学者研究的划分。从颜色上讲，和田玉按颜色和花纹可分为白玉、青玉、青白玉、黄玉、碧玉、墨玉、糖玉和花玉等大类以及许多位于以上品种之间的过渡类型。

2、青海和田玉的类别和品种

青海产的和田玉料以山料为主，也有少量的坡料和水料（相当于新疆和田玉的山流水料和戈壁料），截至目前尚未发现籽料。青海产的山流水料有一个重要类别是碧玉，它的山流水块头较大，小块的几十千克，大块的达到几吨至几十吨，品质亦不相同。主要分布于祁连山中和青海茫崖至新疆若羌的沼泽之中。

青海产的和田玉料主要为白玉，一般呈灰白色和蜡白色，同时亦有相当数量的青白玉、青玉、碧玉等，多数白玉料与新疆和田白玉比，略嫌透明，感觉水性大于油性，且多有程度不同的水线现象。但比较突出的是，青海白玉中带翠绿色者、带烟灰（乌边、紫罗兰）色者、带淡青色者（当地称鸭蛋青）、青玉中带天蓝色调者，为青海玉中的特

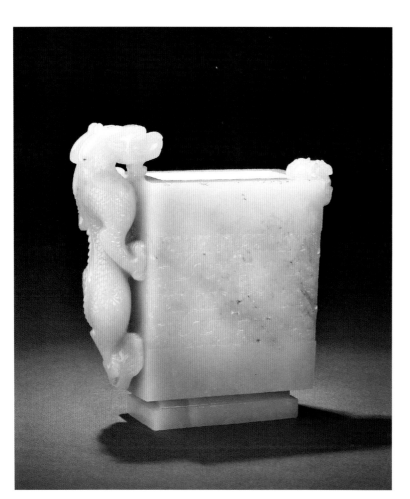

清　白玉雕龙方花插

色品种，它增加了传统和田玉的色调，使雕件的琢制更加丰富多彩。特别是白玉中带翠绿色者，集翡翠的绿色鲜活和白玉的温润细腻于一身，价格甚至高过优质的白玉。

3、俄罗斯和田玉料的类别和品种

俄罗斯产的和田玉以山料为主，亦有一定数量的山流水料和戈壁料及籽料。虽然这些玉石产在布里亚特自治共和国贝加尔湖附近的山脉，海拔也仅2500m左右，离昆仑山较远，但仍与和田玉同属典型的软玉系统。其主要技术参数亦与和田玉的各项指标类同或接近，一直受到人们喜爱。所以俄罗斯玉是和田玉最好的替代品种。

俄罗斯玉以白玉、糖玉、碧玉为主。其中白玉质量较好，白度远远超过和田玉，颜色也较统一，但总体上稍微发干。山料白玉多呈白色、灰白色、奶白色。其外皮很有特点，有糖皮、白皮、灰皮、黑皮等皮璞。其中糖白玉特点明显，糖色部分较厚，外层颜色多呈米泔水状，不如内层颜色好看，肉质优良。但优质的俄玉山料极其细腻，特别是一些黑皮料、灰皮料玉质非常优秀。进入中国后，往往成为冒充正宗和田白玉的替代品。

俄玉的籽料由于产地原始森

俄罗斯白玉摆件蝶恋花

林里河流平缓，缺乏和田籽料生成的特殊环境，所以虽然为光滑的鹅卵石状，但皮璞往往比新疆和田籽料厚实，皮色更为浓重，裂纹处显得因杂质多而有"脏"的感觉。从中国的传统观点看其肉色，与和田玉比似乎不正，有偏色之嫌。但俄玉籽料同样是珍贵的，它的质地多可与新疆和田籽料相比。其厚实的皮璞更富层次感，给工艺大师雕琢玉件提供了更广阔的想象力和拿捏操刀余地。

俄罗斯的碧玉总体上颜色比新疆玛纳斯碧玉、和田碧玉和加拿大碧玉纯净、翠绿或浓绿。用其制作的首饰和雕件在市场上的受欢迎程度亦超过其他产地的碧玉。

以上简略介绍三个主要产地玉石的种类和品种，主要供玩家挑选雕件时作为参考比较。因为内容所限，对不同产地的玉石质地、颜色、产状区别，请参阅本人已出版的《白玉玩家必备手册》和《白玉玩家实战必读》等书籍或其他参考资料。

二、收藏和田玉雕件的注意事项

对和田玉进行评价是收藏过程中比较重要的步骤，现代人们对和田玉评价的主要依据有颜色、质地、裂绺、透明度、光泽、块度（重量、体积）、工艺质量、产出状态等方面。和田玉摆件的评价同样遵循上述原则。

(一) 颜色

颜色是影响和田玉质量的最重要因素，特别是白色玉石，它是和田玉中产量最大，也最宝贵的品种。明代周履靖编的《夷门广牍》中评价和田玉的一段话，可以作为评价和田玉颜色的借鉴。书中写道："于阗玉有五色，白玉其色如酥者最贵，冷色、油色及重花者皆次之；黄色如粟者为贵，谓之甘黄玉，焦黄色次之；碧玉其色青如蓝靛者最贵，或有细墨星者、色淡者次之；墨玉其色如漆，又谓之墨玉；赤诚玉如鸡冠，人间少见；绿玉系绿色，中有饭糁者尤佳；甘清玉色淡青而带黄；菜玉非青非绿如菜叶色最低。"这五种主要颜色与中国古代五行学说中的青赤黄白黑非常符合，使和田玉显得高贵而神秘。产自青海的昆仑玉除与和田玉相同的五色外，还有一些美丽的颜色，如白玉底板上的翠青色、紫罗兰色、鸭蛋青色、乌边白玉等。这些颜色丰富了和田玉的品种，使得和田玉家族色彩缤纷，更增添了其独特的魅力。所以评价和田玉，必须将颜色放在第一位。

(二) 质地

质地同样是影响和田玉质量的重要因素，所以质地成为其他评价要素的相关内容。好的质地，要求其组成矿物的透闪石具有细小的纤维状、毛毡状结构，排列应有一定的规律，只有这样才能达到良好的视觉效果。在此种前提下，和田玉中透明的细晶透闪石由于自身较高的双折射率，引起晶体界面的晶间折射和反射，有序规则排列的透闪石纤维状和毛毡状晶体，将对入射光产生漫反射作用，从而使和田玉形成一种有一定透明度的特有的油脂光泽。好的和田玉应该目视之是软糯的，手抚之是温润的，试质地是坚硬的。所谓"温润"的"温"，是指和田玉对冷热表现出的惰性，夏摸之不热，冬抚之不冰，并且色感悦目；所谓"润"，是指和田

玉的油润度，即视之油润，似乎玉液可滴，但以手抚之，则略有阻感。和田玉中组成的晶体虽然细小，但从放大镜或显微镜观赏玉器的抛光面，仍可以看到玉体上的毛毡状结构，其微透明的底子上均匀分布着不透明的花朵。

(三) 透明度

透明度对和田玉的质量影响也较大。无数实践证明，当和田玉的透明较高时，会缺乏优质白玉的油脂光泽，失去软玉应有的凝重感；而当透明度较差时，显得地干，不滋润。只有透明度适中时，和田玉才具有较高的质量。凡是质量高的和田玉，必定具有细小的定向排列的晶粒，结构均匀，显微裂绺少，使得玉体具有适中的透明度，表现出优质软玉特有的油脂光泽。透明度往往还与净度相关联，质量上乘的和田玉不但要求净度适中，同样要求纯净无瑕无裂绺。但纯粹完整无缺，达到上述标准的和田玉十分罕见。所以在评估玉石时，一般透明度适中、净度越高的价值越高。

(四) 光泽

优秀的和田玉要求具有良好的油脂光泽，否则其价值将明显降低。很多研究表明，和田玉的油脂光泽主要取决于外部光源照射到玉石内部所产生的内散射光。而内射光存在的基本条件主要包括：光线射入玉石内部的一定深度，进入玉石的光线被充分散射等。要使光线射入和田玉的一定深度，就要求玉石具有一定的透明度，透闪石的晶粒有一定的粒度，并且晶粒紧密镶嵌，尽量减少晶粒间隙，内部结构尽量均匀，并且不存在显微裂隙；进入和田玉的光要被充分散射，就要求和田玉的透明度较差，玉石组成矿物的透闪石晶粒尽可能小，但数量尽可能多。昆仑玉的油脂光泽就取决于上述两方面似乎矛盾条件下的统一和谐。按古人的标准，"润泽以温"是软玉质量优劣的重要体现，所以好的和

田玉必须具有好的油脂光泽，光泽不好，过水或过干，玉的价值都会显著降低。

(五) 块度（体积）

和田玉的成品固然受重量的影响相对较小，但在颜色、质地、透明度、加工质量相同或相似的情况下，肯定块度（体积）、重量越大，价值越高。

(六) 加工质量

和田玉主要用来雕琢玉雕工艺品，因而加工水平、工艺质量非常重要。如果一块玉料上述五项均达到满意的标准，到制作时因工艺粗糙而出了劣品，会使其价值大大降低甚至难以售出。和田玉因为特殊的产出条件，许多玉石往往有主色和兼色，并且或过渡自然或颜色鲜艳，这就为高明的玉雕师巧施俏色创造了条件。在评估玉器时，对构思巧妙、善施俏色、工艺上乘的玉器，要给以好的评价，并适当提高其经济价值。

除善用俏色外，加工质量还包括造型、纹饰、工艺、艺术等。造型是玉器审美的构架，它是评估和田玉器价值的又一个重要因素。造型是由玉器的功能及玉胚形状所决定的，所以比例权衡要适当、匀称悦目不呆板。只有均衡、适当、匀称、稳定的玉器才能称为美的作品。纹饰是玉

清　白玉雕葫芦水洗

器的装饰，其美与丑最易为赏者所感受。从工艺技法上说，它服从于玉器器型的需要；而从思想内容上说，它更取决于玉器功能的需要。玉器的纹饰要综合看结构、章法、疏密、繁简的处理，凡是结构、章法有条不紊、统一和谐的就具有鉴赏收藏价值；反之，则属于一般的商品，价值自然不高。玉器工艺是由美石变良器的重要条件，由于工艺不易被准确评价，难以被人们分析认识，所以成为鉴赏评估的一个难题。对和田玉工艺的评价，可以简略概括为凡是砣工利落流畅、娴熟精工的必然是美的或比较美

的；而砣工呆滞纤弱、拖泥带水、游走不定、粗细不均的必然价值锐减，不宜贸然收藏。艺术是玉雕作品所追求的最高境界，也最难做到，它是对玉器价值评价的综合内容。对艺术价值的评价很难定出具体标准，但可简化为凡气韵生动、形神兼备的都可视为艺术美的表现，具有丰富的收藏价值；而工艺粗劣、艺术庸俗、摹古不化的作品无疑违犯了艺术美的规律，其鉴赏、收藏价值自然就逊色很多。

综上所述，评价一件玉器雕件是否可以鉴赏、收藏，除玉的材质外，更要注重玉的工艺

水平，关注玉的艺术效果。这是因为和田玉的材质越好，在大自然中的储量就越少，其加工难度就越大，雕琢成良品就越费工，自然价值就越高。

三、和田玉雕件题材的基本评价

(一) 玉器雕件不同题材的评价

玉器雕件产品的题材很多，主要有人物、器皿、兽类、鸟类、花卉、山子等，对不同题材的玉器评价有所不同。只有正确掌握不同题材产品的评价标准，才能比较容易挑选心仪的和田玉雕件。

1、人物题材玉器的评价

和田玉雕件中的人物要具有时代特征，人体各部位的结构、比例要安排适当，合乎解剖要求，动作要自然，呼应传神。头脸的刻画，要合乎男女老少的特征。五官安排合情合理，比如一般仕女的面目，要求秀丽动人；传统佛人的面目要鼻正、口方、垂帘倾视、两耳垂肩，手型结构要准确。要根据不同人物的身份性格和动态情节进行创作，比如仕女手型要纤细自然，手持的器物和花草要适当。服饰衣纹要随身合体，有厚薄软硬的质感，比如仕女的衣带，线条要交代清楚，翻转折叠要利落，动态要自然而飘洒。陪衬物要真实，富有生活气息，要和人物主体相协调，使主题内容更加充实而突出，避免喧宾夺主的现象。

2、器皿题材玉器的评价

器皿造型要周正、规矩、对称、美观、大方、稳重、比例得当。仿古产品要古雅、端庄，尽可能按原样仿制。器皿的膛肚要串匀串够，子母口要严紧、认口；身盖颜色要一致；环链基本规矩、协调、大小均匀、活动自如。纹饰要自然整齐，边线规矩，地子平展，深浅一致。透空纹饰，眼地匀称、干净利落；浮雕纹饰，深浅浮雕的层次要清

楚，合乎透视关系。

3、兽类题材玉器的评价

此类题材的总体要求是造型生动传神，兽类要肌肉丰满健壮，骨骼清楚，各部位的比例合乎基本要求，五官形象和立、卧、行、奔、跃、抓、挠、蹬的各种姿态，要富有生活气息。"对兽"类产品要规矩、对称，颜色基本一致，成套产品的造型，应根据要求配套琢制。变形产品的造型，要敢于夸张，又要注意动态的合理性。动物的鬃毛勾彻要求深浅一致，不断不乱，根根到底，大面平顺，小地利落。

4、鸟类题材玉器的评价

总的要求是造型准确，特征明显，形态动作生动活泼，呼应传神。一般要做到张嘴、悬舌、透爪。羽毛勾彻、挤轧均匀，大面平顺，小地利落。"对鸟"类产品，高低大小和颜色应基本相同。盒子类产品，子母口要严紧，对口不旷；陪衬物适当，要以鸟为主，主次分明。

5、花瓶类题材玉器的评价

整体构图要丰满、美观、生动、真实、新颖，以映衬出生机盎然的艺术效果，主体和陪衬要协调自然。花要丰满，枝叶茂盛，布局得当。花头花叶翻卷折叠自然，草木藤本，老嫩枝要区分清楚，符合生长规律。傍依的瓶身或静物要美观、别致、大方，颜色协调一致。其他陪衬物要真实自然，产品的整体和细部力求玲珑别透。

6、山子题材玉器的评价

用料以块度大为显著特征，以保留整块玉石天然浑朴的外形原貌为特点。

取材多为人文景观和历史场景，人物、山水、花鸟虫鱼、珍禽异兽、亭台楼阁，应有尽有。总体布局

清　白玉子冈牌

根据玉器琢磨工艺的要求，好的琢磨工艺应该做到规矩，有力度，轮廓清晰，细节突出。规矩就是要体现出玉器的造型美来；有力度则是指玉器在线条上要表现得棱角分明；轮廓清晰、细节突出，是要求玉器在整体造型的基础上，鲜明突出玉雕的细节，以求达到玉器整体的完美。

(三) 艺术价值的评价

对于玉器艺术价值的评价，应要反映不同时代玉器在艺术风格、艺术韵味及艺术创新方面的表现。

1、艺术风格的评价

艺术风格是通过玉器作品表现出来的相对稳定、内在深刻、形象突出地反映出时代、民族或玉雕艺人的思想观念、审美理想、精神气质等内在特性的外部印记。

不同时代的玉器艺术风格，可整体上呈现出具有代表性的独特时代面貌。如新石器时代玉器表现的神秘风格，商代玉器表现的礼制化风格，汉代玉器表现的雄浑豪放与迷信化风格，辽、金、元代时期玉器表现的民族化与地域化风格，明清玉器所表现的生活化与精品化风格。

对于现代和田玉来说，俗与雅是衡量作品艺术风格的重要

讲究层次有序，要求气势壮观，意境深远。

(二) 工艺质量的评价

工艺质量评价即玉器琢磨质量的评价。

琢磨，就是具体制作玉器，必须真切、全面，甚至创造性地发挥创作设计意图。玉器加工制作中的琢磨，主要是通过减法出造型，因此，减法的准确对保证作品质量关系很大。做工不细，造型含混不清，就表现不出玉器的美。

标准。一件作品如果只迎合世俗嗜好，或是以奇巧炫人耳目，仅仅满足于某种官能刺激，因为思想浅薄，这样的玉器作品会被批评为低俗；如果作品在思想内容、形式风格上不但为人们乐于接受，并且能有益于人们的身心健康，使人的感情得到净化，思想得到提高，这样的作品就会被誉为风格高雅纯正。

2、艺术韵味的评价

玉器的艺术韵味，反映在作品的设计、构思乃至主题确立的个性上；表现在作品的灵气，内涵丰富，能给人留下无限的想象空间。

评价一件作品艺术韵味时，常听人形容这件作品有艺术神韵，而那件玉器作品平庸呆板。设计巧妙，做工精细，整件作品有艺术神韵的玉器作品，往往具有较高的艺术价值；盲目求工、求巧，不肯在构思、立意上下大工夫，流于平庸、呆板的作品，因严重缺失了艺术表现力，自然艺术价值很低。

3、艺术创新的评价

玉雕艺术是一门传统工艺美术，玉雕艺术要继承传统，更要创新以求得发展。玉器的创新表现，主要体现在对新材料、新工艺、新题材的创新。

玉器传统用材只有二十余种。用料的突破一方面在于应用新的原料，另一方面在于对其他不同性质的原料的组合应用。如玉与宝石、玉与贵金属的组合、甲玉与乙玉的组合等。只要能够量料选材，因材施艺，充分利用原料本身的色彩、光泽、质地、纹理、形态以及重量感等特点，通过独特的设计、创意，将各类材质的特点和色彩美表现得充分、自然，并与作品主题达到高度的统一，这就是在玉器用材方面的一种突破、一种创新。

玉器作品是否有特殊的创新的工艺技术应用，也是玉器评价的重要方面。具有特殊工艺的玉器作品，其价值也会有所提升。

玉雕作品要突破传统玉雕主要表现神话传说、宗教典故的取材范围，更多地关注现实生活、反映重大历史题材，揭示人性、自然之美，以表达人类对幸福、自由的渴望与追求，以及对罪恶渊源的揭露与批判。如玉雕大师施稟谋先生的作品《九九归一》、《迎九七》等，通过细致的刻画，体现了作者强烈的爱国主义精神和历史责任感，作品凝结了艺术家质朴、纯真的诚挚感情。这些玉器作品在历史上从来没有过，属于玉器题材推陈出新的创举，在评价时就应该充分加以考虑。

(四) 抛光质量的评价

抛光，就是把磨制后的玉器表面磨细至镜面状态，使光照射其表面有尽可能多的规律性反射，达到光滑明亮的程度。玉器经抛光处理后会呈现晶莹美丽的玉质光泽，这是玉器艺术的主要特点之一。因此，玉器抛光处理的优劣，将直接影响到作品艺术效果的好坏。评价玉器的抛光，要看其是否明亮、圆润、清晰。明亮是指对光照能产生充分的规律反射；圆润，是指亮度要透明，即水头要足；清晰，是指经过抛光后不影响玉器本身各细节的表现程度。

(五) 玉器装潢质量的评价

玉器的整体包括玉器主体器物和以外的附件，如玉器的座、匣等包装装潢，它是多种物质材料和工艺的结合。玉器装潢整体上要求做到协调，座、匣等要

陪衬出主体，更好地表现作品的美。特定玉料所做的玉器，应该搭配与之相配的颜色、纹样、质料的座和匣。否则，就不能视为整体质量完美。

(六) 玉器商品的分类评价

玉器材质的优劣、制作工艺的繁简难易和精细粗率程度，以及造型的艺术神韵、制作者的知名度，都是评价现代玉器的重要因素。由于这些因素在玉器中所占的价值比重不同，使玉器形成了两个价值大类型——普通

商品类和收藏类，以及4个小类别——普通商品类玉器、玉质精品类玉器、工艺精品类玉器和艺术精品类玉器。

1、普通商品类玉器：是玉器市场上常见的类型，相对数量大、品种多，玉质一般较差，工艺价值较低。由于经济效益的原因，玉器行业形成了"好玉配好工"的传统，所以普通商品类玉器的制作工艺多不太精细。普通商品类玉器是一般民众用于陈设和把玩的，虽可历久而不朽，但由于价值不高，一般没有收藏增

值的功效。只有具备了一定眼力和收藏意识的人，才能偶尔淘到一两件稍有收藏价值的东西。

2、收藏类的玉质精品玉器：指的是用高档和田玉材制作成的玉器，由于玉材的稀有而十分珍贵，有的仅凭其材质之美就足以使人着迷而形成高价。这类玉器的工艺价值与玉材的价值比较起来，常常被忽略不计。工艺价值虽然在总价值中一般不占主要地位，但工艺不论繁简都比较到位，基本上没有粗率之工。现在市场上有两种流行玉器就是它的典型代表：一种是一只手能够握持的完美和田白玉籽料，上面仅打一个象鼻孔，能系上绳子即可。另一种是子刚玉牌型玉器，叫"平安无事"牌，牌面光素无纹，也是用来彰显玉质之美的。这类玉器中不乏既能充分地展示出玉质之美，又能表现出很好的工艺和艺术的玉器，其价值不可估量。

3、收藏类的工艺精品玉器：是指制作技艺娴熟精湛和难度大的玉器，它那鬼斧神工般的雕琢技艺常常令人叹为观止，例如能达到"水上漂"的薄胎工艺、环节均匀纤细的活环工艺、各种容易报废活件的"险工"等等，成为人们最为关注之处。因而制作技巧的难度、工艺的复杂程度是这类玉器的价值核心。这类玉器的质地一般在中档以上，否则制作者就不肯投入这么大的工费，所以这类玉器的玉质价值也常是玉器价值的重要组成部分。

4、收藏类的艺术精品玉器：是指以艺术价值为

主要价值的玉器，是艺苑中的一朵奇葩。艺术感染力的强弱，既是区别是否为艺术精品玉器的标准，也是判断玉器价值大小的依据。对于表现玉器艺术而言，玉的材质并无优劣之分，只有审材施艺是否恰当和巧妙之别。优良的玉材，能为玉器增色不少，若为质艺双佳的玉器，更是价值不菲，值得玩家珍惜收藏。

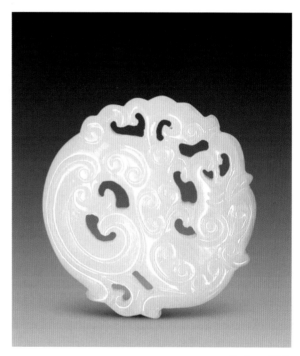

清　和田玉雕龙

作者简介

李永光，笔名李永广，1956年生于河南省镇平县，县政府公务员，曾任县宝协副会长兼秘书长多年。现任中宝协理事、河南省宝协理事、河南省观赏石协会理事、珠宝鉴定师、评估师。自1993年参与筹办中国镇平国际玉雕节以来，长期沉浸于玉石文化的研究和传播，具有丰富的玉石鉴定知识和评估经验。先后专著合著《白玉玩家必备手册》《翡翠玩家必备手册》《白玉玩家实战必读》《昆仑玉鉴》《中国昆仑玉》等书籍。现有《碧玉》等数部签约书籍正在撰写中。

题名：中华魂
石种：玛瑙
尺寸：96×108×40cm
收藏：段玉霞

鸟语
花香

题名：鸟语花香
石种：黄龙玉
尺寸：22×14×5.5cm
收藏：段玉霞

爱神卫士

红孩 ◇ 文

秋天也是最美的季节，
百合花依然艳丽圣洁；
蝴蝶与花儿相依相偎，
演绎一个美丽的传说。
不必伤感分别后的孤独，
誓言是对你一生的承诺。

题名：爱神卫士
石种：集骨玛瑙
尺寸：8×4×6cm
收藏：侯现林

童子

——红孩◇文

黄牛远远过前村，
童声稚嫩耳边鸣；
山涧林深自去也，
不为名利找烦心。

题名：童子
石种：九龙壁
尺寸：30×15×14cm
收藏：范智富

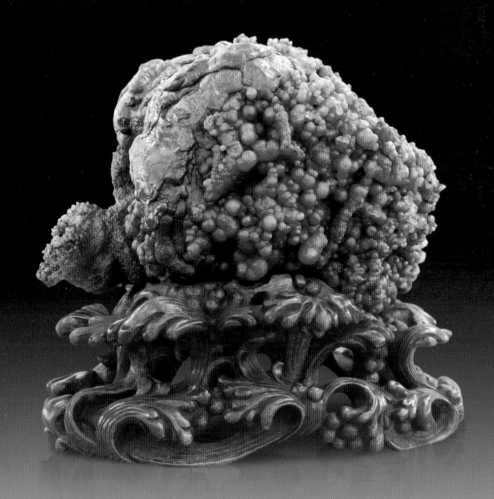

题名：龟
石种：葡萄玛瑙
尺寸：22×16×15cm
收藏：石博

"石"可而止

Enough Is As Good As a Gem

丁凤龙◇文

凡事有度，应适可而止。过了"度"就会由量积而质变，事与愿违。旧时年荒，人穷极饿极，有以食打赌者：将馒头摆满双臂，一次吃完为白吃，否则双倍赔钱了事。遂有暴毙者，不忍睹。此缘于不能"食"可而止；如今富足，国人管不住嘴，迈不开腿，大腹便便，诸病缠身，亦缘于不能"食"可而止耳。是故，玩石、赏石、集石、藏石也应"石"可而止。曾亲聆一石人言："我可以把雨花石封锁起来！"引诸人讶异、侧目，不可理喻。

"石"可而止，理性为之。就石头而言，品种之多，数量之大，令人难以想象。谁也不可能全部拥有。所以，智者会做到"石"可而止。藏家云海先生经济不济，藏石有年，且爱石

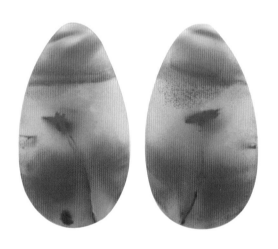

题名：姊妹花

如子，但秉平常心，不曾"疯狂"。且好到砂矿拾石，还邀石友同往，乐此不疲。常有人问及砂矿在哪？哪里最多？怎么去？他干脆制一《拾石图》，发到网上，资源共享，众皆赞之、往之、乐之。即使拾石，斯君也是"拾"可而止，不会一发不可收"拾"。近闻此兄将多年所获之石已送出两百余枚，远及东北网

友和尼加拉瓜客人，让更多的人分享赏石之美、之乐、之趣。有此义举，必有其若谷虚怀，不得不肃然起敬。

"石"可而止，莫要痴迷。 石界有自诩石痴或被尊称石痴者，其实多不"痴"，真痴便不可取！金陵"石痴"池澄老，八十有五，精神矍铄，为政为文，知识渊博，爱好广泛。曾说"居南京若有钓鱼的闲暇而不去'钓石'，就让人疑惑你是枉入宝山了"。于是爱石，为石而讴歌，为石而著书立说。何"痴"之有？

其实，玩赏石头，不过是我们业余爱好而已。它可以调剂我们的生活节奏，它可以给我们带来快乐，甚至可以带来一笔财富。但既然是"业余爱好"，就不能偏废正当的事业和家庭生活。有一前辈，在50年代的一个上午，揣几块钱去百货公司为爱子生日买最时兴的球鞋。中午回家，孩子喜滋滋的问及球鞋，才恍然大悟：钱已易石矣，竟忘了孩子的殷殷期盼。好在旋即歉补，成一时趣谈。另一友，也爱石，甚痴迷。当法官问及"要石头还是要老婆"时，答曰："要石头"！ 斩钉截铁。走火入魔，妻离子散，便不足道了！

"石"可而止，切勿攀比。毋庸讳言，玩石离不开钱。可钱再多有几人能与比尔·盖茨相比，与李嘉诚并论？钱再多，也买不尽天下美石，仍会有买不到的遗憾。石界有人建馆、建多个馆，可谓多矣！但仍有一馆不及一石的感叹！哪有止境？反之，咱钱少，买不了公认的精品绝品，也不丢分，一样的做人做事嘛！见过一玩家，购石总是三、五元一个，自得其乐。之所以称他为"家"，是为其执着而感动，为其对石头的感悟而感动，甚至为他的谦逊而感动，竟不曾问他的名姓以至石头多少。赏玩石头，只要量力而行，玩出好的心情，健康的心态，石之多寡优劣只是相对的，会显得不那么重要。

"石"可而止，舍得舍失。世事如棋，切勿玩世，不恭也。三国之精髓，在于失街亭，空城计，

斩马谡。如果马谡不失街亭，蜀能统一江山了。诸葛先生也会一念之差！国家大事，马虎不得啊！但有时我们因与一石失之交臂，郁郁寡欢，相互嫉恨，出言不逊，则大可不必，终不及江山社稷之重矣。这点可以学学一些大度的石友："石有石缘，买不到说明不是你的"，大白话，治"忧郁"，管用。没得到，钱还在啊。但得到了，也不要当命根子。要交流，要共享。要知道，"百年"后，带不走，儿女也不一定喜之爱之。清人李升，时为江宁织造衙门茶役，藏一石，秘不示人。一日为债追逼，含泪割爱索银三十两求售，终以六两兑出。购者如获至宝，制锦匣，加暗锁，防人觊觎。可嗣续不肖，闻此石以两元番饼价值归打鼓者，充作吸食

题名：佛教圣地九华山

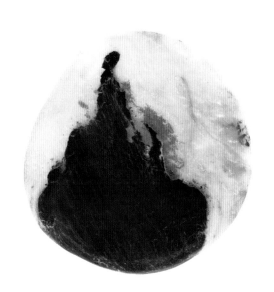

巫山神女

题名：巫山神女

长寿膏之资矣。令人唏嘘不已，或可警示后人。

"石"可而止，看淡名利。毋庸讳言，有的朋友，玩出了名气，积累了财富，成为石界的一代佼佼者，可喜，可贺！但羡慕嫉妒恨，则不好了。因为，这不是我们玩石头的最高目标，更不是玩石头的最高境界。何况，能成就名利兼收者，也不是一蹴而就。安知"天将降大任于斯人也，必先苦其心志，劳其筋骨，饿其体肤，空乏其身，行拂乱其所为，所以动心忍性，增益其所不能"矣。凡顶尖者，都不是众人所能为。而真有名者，也不以石多名之。中石协副会长国强先生，有三别墅，其内外目之所及，皆石。请保姆侍之，井然有序，精品荟萃，目不暇接。吾曾以一石窃喜，彼不以一室骄之，惭愧惭愧。而其名，亦非石之多，石之好，而在其言行也。曾有一石妇，向其兜售灵璧石，明知价高，有瑕，仍买下，继送人。何故，卖者贫困，孩童入学，亟须用钱，虽有"瑕"也不能捅破。国强先生为民营企业家，皈依佛门数年，助人无数，

此非一时一事之善也。

常言道："君子爱财取之有道"，在藏石界只进不出者大有人在。但凡花钱买石玩石，欲转让割爱的也无可厚非。而且，应鼓励这种以石养石的做法。不过，有的朋友过于"在意"自己的藏品，"孩子总是自己的好"，每件都是精品绝品，都是天价，这种想法肯定是要不得的。应该走出这个自欺欺人，一夜暴富的误区。不止一个朋友说过，藏品要么就不卖，要卖就"打包"，"一枪打"。我说："我的也想一起卖"，你能不能考虑？答曰："你有几个我蛮喜欢的"。言外之意，别的不会考虑。子曰："己所不欲勿施于人"，又有谁是冤大头"一枪打"他呢？

"石"可而止，知足常乐。不知足即为贪，贪心不足，欲海难填，便酿成灾难，完全违背赏玩石头之初衷。愿天下石友玩出水平，玩出品位，玩出健康，玩出和谐，玩出幸福来。如此，石也点头，石也歌唱耳。

山花烂漫

赵海荣◇文

这块碧玉与底座色彩协调，给人一定的视觉冲击。春天来临了，人间充满了柔和温暖的气息，悬崖上终于山花烂漫，一片绚丽。傲然盛开的山花，将春色妆扮的烂漫妩媚。欣赏者仿佛感觉到了山花的清香和空气的潮湿。

题名：山花烂漫
石种：红碧玉
尺寸：60×50×40cm
收藏：李智善

精品赏析

漫谈"醒酒石"

Thoughts on "Anti-Drinking Stones"

吴刘江 ◇文

何谓"醒酒石"？从字面上理解，它是使人从醉酒的状态中醒过来，逐步恢复意识或者恢复自制力的石头。这里也就引申出几个问题，醒酒石是何石？醒酒石从何而来？醒酒石的功效真有那么神奇等等猜想。

在陈德荣先生的《简述东西方赏石的历史渊源》一文里，其中关于赏石文化四个阶段中的朦胧期（即孕育期，约在春秋战国——魏晋南北朝）有这样一

段话，大致意思是说那个时期已有孔子的"'知者乐水，仁者乐山；知者动，仁者静；知者乐，仁者寿'的经典语录"，有秦王朝的"阿房宫"、汉王朝的"未央宫"和"上林苑"等皇家林园的石头装饰、点缀林园，也出现了南朝江淹的"崦山多灵草，海滨饶奇石"和郦道元在《水经注·江水》的"盛弘之谓空泠峡，上有奇石如二人形攘袂相对"的词句。但这一时期个人藏石还很少，有文字记载的仅陶渊明藏有一块"醒酒石"。关于此石，《辞海》中也有描述，说是陶渊明每每酒后则醉卧石上，醒来且歌且诗。应该说，以自然石为欣赏对象，陶渊明开了赏石先河。他的"醒酒石"也是有考以来个人藏石的第一块标本。

此后，关于"醒酒石"有

多种版本，尤其是体量上大小不一、说法众多。东晋后三百年，赏石历史上又出现了一位大手笔人物——李德裕，他的"醒酒石"比之陶渊明有过之而无不及。据《辞源·醒酒石》载："传说唐李德裕平泉别墅，采奇花异竹，珍木怪石，为园林之玩。有醒酒石，醉则卧之。"在后人对李德裕的生平考证中，发现李德裕爱石成癖，他专为"醒酒石"题的诗可圈可点，"韫玉抱清辉，闲庭日潇洒。块然天地间，自是孤生者"。据说，大诗人白居易羡慕此石，时常前往赏玩。后来，"醒酒石"几经辗转，几易其主，至宋朝绍圣年间时，"醒酒石"奉召入宫，置于筑月台，后转置宜和殿。

醉了可以躺下休息，想必李德裕的"醒酒石"定是置放在露天的醒酒石了。由此，笔者想到了电视剧《三国演义》里"卧石"的几个镜头，一是庞统领末阳令，整日饮酒不务正业，被张飞发现时正醉卧石上；二是黄忠赤身裸躺白石，一布遮泪脸，旁有刘关张示礼。前者是因酒而酣睡，后者是为表忠而愧卧，两者虽未载入正史，然剧中石头的道具作用无可厚非。不管是李德裕的"醒酒石"还是"三国"的石头，它们的共同特征是大、能承载起人。

笔者在查阅资料时还发现一

模树石

则有关"醒酒石"的趣闻。说是解放初期，重庆有个弹子石的水码头，由于鱼龙混杂，社会治安很差，酗酒滋事的事件时有发生。为惩治醉汉和不听话的小流氓，当时的联合公所团防队在大街口设立醒酒石。该醒酒石很特别，高2米，宽0.8米，离地1.5米处打有一小孔。凡有醉酒汉、小流氓扰民滋事不听劝阻，团防队便将其项上套铁链，一端穿入孔内，立于其间示众，直到其酒醒悔过认错方才释放。最多的一年，曾有近百名当地居民因醉酒被绑到醒酒石上"示众"。据传后来出了事，一名被绑的醉酒男子回家不久死了，家属大闹联合公所，醒酒石也被人砸毁拆除。因酒废石，这的确诽谤了"醒酒

石"的名声。当然，此"醒酒石"与文人雅士所卧的"醒酒石"不同——多了些大众味，少了点附庸风雅的雨打芭蕉声。

关于"醒酒石"的记载还在小说里。《红楼梦》第六十二回："湘云……连忙起身挣扎着同人来至红香圃中，用过水，又吃了两盅酽茶。探春忙命将醒酒石拿来给她衔在口内，一时又命她喝了一些酸汤，方才觉得好些。"这里的"醒酒石"并非真正意义上的醒酒，而是具备了解酒的功能，当然它是与酸汤一起发挥作用的。由此，我们可以大胆猜测，曹雪芹先生定是位不折不扣的玩石高手，至少在家境尚好时，对石头曾做了赏玩和研究。不论《红楼梦》原名《石头

矿晶

所以能解酒，是因为"性寒治热"。会喝酒的人大凡有过醉酒的经历，人喝醉了酒会变得昏昏沉沉，全身发热，口齿不清，步态蹒跚。这个时候如果给醉汉的嘴里塞上一块冰冰冷冷的石头，定然会有激灵之反应，就好比是让冷风吹了一下，令人舒坦不已。想必古人是不懂储存冰块的，唯有吸天地之精华的石头担当此任。另外，我国大理石矿产资源极其丰富，储量大、品种多、遍布广，古代文人墨客取之置园建景、醉而卧之待醒，在当时是一种风尚、一类炫耀，造就"醉酒石"登得大厅之堂，成为文人标识。放之今日，大多数人仍然乐意在装修时铺上几间大理石地面，遇天热时铺席而卧，享受石头带来的凉爽。人清醒时尚且如此，更不用说古人醉酒时。

另一种说法，松屏石、紫水晶也叫醒酒石。松屏石又叫松石、模树石、醒酒石、婆娑石，属变质岩，形成期距今约两亿多年，其画面是由各种溶液如锰铁类氧化物溶液等随机渗透侵染而形成的，以树枝、花卉图纹为主体，衬以各色岩石颜料，浑然天成一幅幅历史悠久，古朴典雅，意境深邃的优美画卷。此石的收藏在我国可谓历史悠久，源远流长，最早可溯至先秦，后至唐朝成为相府之收藏。据《平泉草木记》记载，唐代文人雅士玩石成

记》是件诗意的事，就连书内提及的解酒也要用到美丽的石头！试想一下，当时云丫头口衔石头，双颊绯红，口吐呢喃，那场景是何等浪漫——对了，这里还可以为支持湘云宝玉成亲的人们提供一条线索——全《红楼梦》里，只有两个人是口中含过石头的，一个是贾宝玉，另一个是史湘云。这里会不会是爱石的曹雪芹先生设下的又一伏笔，我们自然不得而知。

那么"醒酒石"到底是什么样的石头？据《清一统志》介绍，醒酒石就是云南大理所产的点苍石，也就是大理石。据了解，大理石共有白、杂二种，白色大理石又叫寒水石、方解石，呈块状结晶，白色或黄白色，略略透明，质地坚硬，性寒。关于此石的特性，李时珍在《本草纲目·方解石》中有这样一段话，说是"方解石与硬石膏相似，皆光洁如白石英……痛其性寒治热之功，大抵不相远，惟解肌发汗不能如硬石膏为异尔。"《浙江中药加工炮制规范》载，寒水石有"清热降火，除烦止渴，主治壮热烦渴，口干舌燥"等功效。由此，我们不难发现，寒水石之

风，所选的石玩中就有在当时被称之为"醒酒石"的松屏石。说是宋代大文豪苏轼最爱此类石，常常在朋友面前展示他的醒酒石。在当时看来，松屏石少遇水露即可出现林木花卉，这的确够神奇的。试想，一群文豪在一番酣畅淋漓的痛饮之后，来到庭园的大石头前，稍稍沾点酒或水在石上，慢慢欣赏图面变化，边吟诗边接着饮酒，这是何等洒脱！真可谓醉时醒醒时醉，留得诗篇待人评。

提及紫水晶，大伙儿一定不会陌生，但紫水晶又叫"醒酒石"的说法，笔者还是第一次听到。据传，关于紫水晶"成为"醒酒石还有一段凄美故事。传说巴卡斯一日在森林中举办酒宴，喝得醉醺醺时，整个森林都沉浸在一片酒气之中。美丽的女官阿曼斯特刚好路过此地，准备前往戴安娜宫殿。正处于酒醉中的酒神巴卡斯看见美丽的少女，出于捉弄的目的驱使野兽们攻击阿曼斯特。听到哀叫的戴安娜只来得及将她变成水晶。酒醒之后，酒神对自己的行为相当后悔，于是将剩下的葡萄酒淋在水晶上，以此提醒并告诫自己，没想到水晶被红酒染成了美丽的紫水晶。为了弥补自己的过失也为了纪念这位少女，酒神于是便以少女的名字"AMETHYST"来命名紫水晶。从此以后，希腊人一直深信，只

要利用紫水晶制作的杯子喝酒后就不会醉。

我更相信"醒酒石"更是紫水晶。不论紫色代表高贵、代表胆识与勇气，代表中国传统里的王者之色，也暂且不去想上面的哀伤故事，单是古代的人们发髻高束、口衔紫水晶的场面，就足够使人浮想翩翩了。

历史是留待人考究的。无法还原历史，我们只有猜测的份。上面说了这么多"醉酒石"，再去下个明确的定义，终究没多大意思。如果要有一个结论的话，那就是"醉酒石"曾经出现在人们的视线内，现已成为源远流长的石文化长河中的一朵奇葩了。

赏石家徐跃龙先生对此一语中的，他说"醉酒石"更是"警世石"，在当时那个时代，陶渊

明、白居易、李德裕等文人，一是有附和社会风气之做作，骨子里的傲气，使他们有着共同的生活气息，二是多多少少与不得志有关，无休止的战乱、互相之间的排挤等丑恶世态，常常令人产生逃避、遁隐之想法。由此就有了"醉酒石"这一特定历史背景下的消遣方式。

时至今日，社会上下提倡快乐赏石、和谐赏石。"醉酒石"作为文化石的特殊符号，也渐行渐远。在淡出了人们视线的同时，我们依然不用忘记用"醉酒石"来克服当前的浮躁与急功近利。其实，我们身边的石头皆是"醉酒石"，来时没有它，去时带不走它，它的存在就是告诫人们——醉在红尘，需要时时清醒。

各类矿标

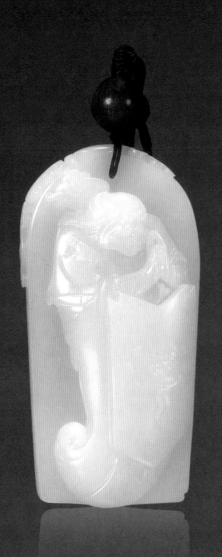

题名：战神
石种：和田籽料
尺寸：10×5×2.2cm
重量：164克

苏然

1971年生，籍贯北京，北京中鼎元珠宝有限公司总设计师、天璞珠宝有限公司艺术总监、北京工艺美术学会常务理事、北京市青联委员、北京市东城区政协委员、中国玉石雕刻大师、中国高级玉雕设计师、全国青年优秀工艺美术家、中国青年玉石雕刻艺术家、北京工艺美术大师，享受政府特殊津贴技师。

苏然是当代最年轻的女性玉雕大师，被誉为：宫廷玉雕的新一代传人，当代著名的一线实力派玉雕大师之一。

苏然的作品不仅继承了北京玉雕的雍容华贵、中正大气的艺术特征，更以其深厚的文化内涵及特有的创作理念独树一帜，在每年的《天工奖》、《百花奖》、《百花玉缘杯》等全国重大玉器评选活动中屡获大奖，被业内专家认可，受到全国各地收藏家、玉雕爱好者的欢迎。其人其事被《中国玉石雕刻大师系列·苏然卷》收藏记录，全国20多家重要报刊、杂志报道。在当今全国最受关注并被人们认可的玉雕大师中，苏然以其设计精巧、用料考究、内涵丰富、做工精湛而独具一格，成为大师中的佼佼者；她的国学系列、俏色系列、哲学系列等作品，深受人们的喜爱，为北京玉雕业赢得了荣誉，是当代中国最具影响力的琢玉大师之一。

题名：寿比南山
石种：和田玉
尺寸：8×5×1.5cm

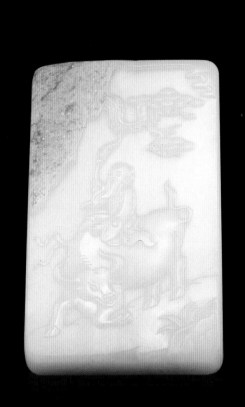

题名：寿比南山
石种：和田玉
尺寸：8×5×1.5cm

寿
比
南
山

题名：观音
石种：和田玉
尺寸：10×5.5×1.5cm

观
音

珠
宝
玉
石

美轮美奂的巴林鸡血石（二）

The Beautiful Bloodstone of Bairin Right Banner of Inner Mongolia Autonomous Region(II)

隋德◇文

水草红：该品种最早产出时间为1986年，产出地点为巴林石矿——采区10号采坑，每年都有产出，但数量很少。其外貌特征为：白色或浅黑灰色的地子上，一束束红色水草临风飘摇，片片鸡血点缀其间。地质特性为：矿脉形成后，出现羽状裂隙，铁、锰等矿物充填后闭合为一体。之后，辰砂的气水热液上侵，一少部分没有完全闭合的裂隙充填了辰砂。

三彩红：该品种最早产出时间为1979年，产出地点为巴林石矿——采区2号、3号、10号采坑，产出数量较多。其外貌特征为：红黑白三色相间，网状血线如烈焰，白色斑纹似坚冰，在黑色地子衬托下，更显冰清玉洁之风。地质特性为：该石的白色是热力作用使原来较深的颜色褪色而成；黑色是混入了一些钛、锰等矿物；红色是含有辰砂。石质多为绵料。

芙蓉冻水草自然形　　尺寸：11×4.5×14cm

鸡血石三彩红原石　　尺寸：25×14×13cm

金桔红自然形　尺寸：20×10×10cm

白玉红：该品种最早产出时间为1979年，产出地点为巴林石矿——采区3号、10号采坑，产出数量较多。其外貌特征为：质地洁白如玉，殷红的鸡血似玉女化妆，红白相衬，色彩分明。地质特性为：该石是沿较纯净的高岭石脉的节理、裂隙充填了较纯净的辰砂矿物，靠近地表层形成，多呈细脉状。石质多为绵料。

鸡血石白玉红、夕阳红方章　尺寸：3.1×3.1×15cm

金橘红：该品种最早产出时间为1988年，产出地点为巴林石矿——采区10号采坑，一般块度较小，产量极少。其外貌特征为：通体呈橘黄色，纯正无杂，鲜红的鸡血渗透其中，好像金秋十月熟透的金橘。地质特性为：该石是由于福黄石自身的颜色均匀地混入少量赤铁矿后，又有辰砂渗透其中，因而形成了橘黄的颜色。石质属绵料。

龙血红：该品种最早产出时间为1992年，产出地点为巴林石矿——采区10号采坑。外貌特征为：石体血色，黄色、青色相衬。血红透黄，显帝位之尊；地润泛青，显露王者之气。地质特性为：巴林石成矿后，有辰砂渗入，并与少量的褐铁矿质均匀地融合在一起，使鲜红的血色变成了橘红色，多形成于近地表处。

巴林鸡血石分级评价

根据巴林鸡血石的血色、血量、地子以及完美度等指标物理特征进行分级：

血色级别：鸡血石按血的色调、浓度、饱和度变化将血色划分为S1、S2、S3、S4 四个级别：

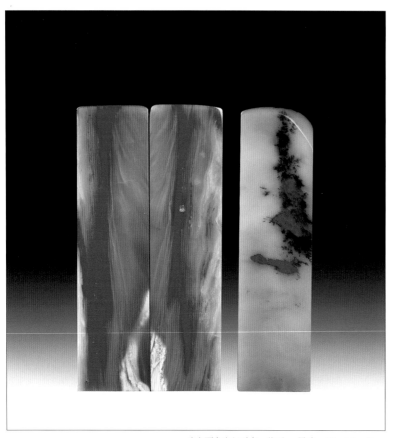

鸡血石龙血红对章一线天　尺寸：2.8×2.8×12cm
水草冻方章　尺寸：3×3×12.5cm

透明，蜡状光泽，韧性较好，矿物组成主要含地开石和少量高岭石、明矾石；D3微透明，弱蜡状光泽，韧性较差，脆性较大，矿物组成主要含高岭石、明矾石；D4不透明，无光泽，脆性大，矿物组成少量地开石或无地开石。

完美度级别：按鸡血石外部特征数量、明显程度以及对加工的影响将完美度划分为W1、W2、W3、W4四个级别：W1可存少量绺、活筋、肉眼不可见石英砂钉、黄铁矿、凝灰岩角砾，无裂、无炮裂注胶、无黏结；W2可存部分绺、活筋、肉眼可见少量石英砂钉（直径1mm以下）、黄铁矿、凝灰岩角砾、裂隙宽度（1mm以下），无炮裂注胶、无黏结；W3可存大量绺、活筋、肉眼可见部分石英砂钉（直径1mm以上）、黄铁矿、凝灰岩角砾、裂（宽度1mm以上）、有炮裂注胶、无黏结；W4肉眼可见大量石英砂钉（直径1mm以上）、黄铁矿、凝灰岩角砾、裂（宽度1mm以上）、有黏结。

巴林石鸡血石的评价以分级基础指标为依据，评断巴林鸡血石的优劣，近年来巴林鸡血石价格一路飙升，与2000年相比最多上涨幅度达到几百倍、千倍。很多优级以上鸡血石，作为收藏爱好者的永久收藏和保值增值珍藏，市场上价格惊人。

S1　颜色纯正，呈鲜红，饱和度高；S2　颜色纯正，呈大红，饱和度较高；S3　颜色偏暗，呈暗红、紫红，黑色调增多，饱和度较高；S4　颜色饱和度低，呈淡红、玉红，颜色较稀薄较淡。

血量级别：鸡血石按血的覆盖率的多少及血形分布，将血量划分为L1、L2、L3、L4四个级别：L1血覆盖率达50%（含）以上，以大片状、团块状血形为主；L2血覆盖率30%～50%，以条带状、云雾状血形为主；L3血覆盖率10%～30%，以星点状、线条状血形为主；L4血覆盖率10%以下，以零星血形为主。

地级别：按鸡血石地的差异，将地的种类划分为D1、D2、D3、D4四个级别：D1冻地，质地细腻，半透明，强蜡状光泽，韧性好，矿物组成主要含地开石；D2质地较细腻，半透明至微

乘 风 破 浪

凉夕◇文

　　金色的沙漠漆配以适当倾斜的底座，呈现着一种奋勇前进的姿态。人生更要有傲视群雄，舍我其谁的魄力。天高任我展翅翱翔，海阔任我乘风破浪。所谓的困难怎能阻挡我前进的愿望。就像这方石，永远呈现着一种上升、前进、破浪的高傲姿态。

题名：乘风破浪
石种：沙漠漆
尺寸：18×15×12cm

恐龙

—— 漠南 ◇ 文

这时地球是白垩纪晚期，
眼前还满是沼泽和瘴气；
盐湖畔茂盛的巨树蕨茎，
掩映不住它巨大的身躯。

题名：恐龙
石种：玛瑙
尺寸：71×43×20cm
收藏：石博

心想事成

—— 赵海荣 ◇ 文

事成皆在辛苦后。
耕耘不歇忌空谈，
天下吉事何难求；
随遇而安心机轻，
旧愁未去添新愁。
此山又觉那山高，
只嫌财富少不够；
人生在世常怀忧，

题名：心想事成
石种：马达加斯加玛瑙
尺寸：12×12×10cm
收藏：鲁学臣

石上的经典

Classics Carved on the Stones

胡桂财◇文

　　石经，中国古代刻在石头上的经典。

　　石经，可分为儒家经典和佛教、道教经典。

　　儒家经典出现于汉代，以后不断发展演进，但至今有文字可考的有以下七种：一、熹平石经，也称"一字石经"。东汉灵帝熹平四年（公元175年），蔡邕用隶书写成《周易》《尚书》《鲁诗》《仪礼》《春秋》《公羊传》《论语》各经。二、正始石经，也称"三体石经"。魏曹芳正始中（公元240—249年）刻石，用古文、篆、隶三体。三、唐开成石经。唐文宗开成二年（公元837年）用楷书刻《易》《书》《诗》《仪礼》《周礼》《礼记》《左传》《公羊传》《穀梁传》《论语》《孝经》《尔雅》12种。清康熙七年（公

元1668年）复补刻《孟子》。四、蜀石经。五代时蜀孟昶命毋昭裔督造，以楷书刻石。刻始于广政元年（公元938年），又称"广政石经"。有《孝经》

《论语》《尔雅》《易》《诗》《书》《仪礼》《礼记》《周礼》《左传》十种。北宋时，刻全《左传》，并续刻《公羊传》《谷梁传》《孟子》三种。五、

北京云居寺石经

玛尼石经

保存。现存石刻佛经有山东泰山、徂徕山，山西太原风峪，河北北响堂山等处，而以北京市郊房山县云居寺石经的规模最大、最为著名。道教石经，始于唐代中叶，盛行于宋元时期，所刻内容主要是"道德经"。

明清以来，顾炎武的《石经考》，清朝万斯同的《石经考》，近人马衡的《汉石经集存》，张国淦的《历代石经考》，对石经源流、文字等，都各有研究、考译。

历代珍贵的石经文化、石刻文化，都是宝贵的石文化财富，其底蕴深厚。

（参考：《辞海》《大百科全书》）

北宋石经，也称"二字石经"。宋仁宗时刻石。嘉祐六年（公元1061年）竣工，又称"嘉祐石经"。用篆、隶两体，有《易》《诗》《书》《周礼》《礼记》《春秋左氏传》《孝经》《论语》《孟子》九种。六、南宋石经。宋高宗时刻石，又称"宋高宗御书石经"。有《易》《诗》《书》《左传》《论语》《孟子》《礼记》《中庸》《大学》《学记》《儒行》《经解》等篇。七、清石经。清乾隆年间刻石，共13经。嘉庆八年（公元1803年）曾加磨改。今只唐开成石经尚存西安，清石经尚存北京，比较完整，余均残缺。在文字上，以前四种较为重要。

刻在石上的佛教、道教经典。佛教石经，出现于北宋末年，盛行于北齐、北周。中国佛教徒仿儒家镌刻石经之列，将重要经典刻于山崖或碑版之上加以

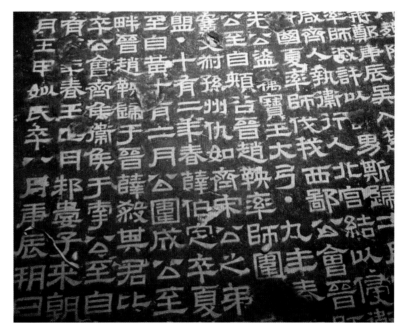

熹平石经残石

昆仑云霞

——红孩 ◇ 文

巍巍昆仑半天霞，
神宫珠玑镂窗纱；
两只青鸟迎风立，
王母威仪震殿厦。

题名：昆仑云霞
石种：黄河石
尺寸：160×130×90cm
收藏：顾玉亭

题名：元宝
石种：管状玛瑙
尺寸：33×19×16cm
收藏：石博

石木品味

——秦明兴谈台座造型艺术

The Taste of Stones and Woods: Qin Mingxing on Plastic Arts of Pedestals

秦明兴◇文

《中国赏石》：现在的主流台座有传统苏式座，上海的海派座，南方的岭南座，它们各自适合配什么类型的石头为好？

秦明兴：近二十年，赏石队伍猛增，为奇石配座的行业随之应需而生，也呈现出许多问题。由于奇石品种繁多，形状颜色各

异，所赋予奇石文化内容的不同，与之相适应的不同台座必然有所不同。从横向面看，台座派系并不存在。这是因为现代信息畅通、交通便捷，交流无阻。美的、新的、优的台座样式传播迅速，学习模仿极为方便。各省市从事加工台座工作的人员，均来自五湖四海。始无前例的快速流动带来的变化模糊了区域界线，加上信息网络化的推广，使派系无生存土壤。从纵向寻源看，今日台座样式来源有三。传统式的来自于祖传，历史悠久，属于继承，古为今用；简约式的来自于海外，主要来自我国台湾地区和相邻的日本；再就是现代式了，运用最广，几乎包罗万象，当然也包含岭南等样式。关于什么石头配制什么样式的台座问题，比较笼统，很难说清楚。奇石，顾

题名：和谐　石种：戈壁石

题名：风姿　　石种：灵璧石

名思义，经常例外突兀。一般的规律是：太湖、灵璧等符合"瘦透皱"形的、平底山、景观形等石形的奇石，配制传统、明式台座样式；抽象形、雕塑形、头形状的奇石，如广西摩尔石等，适合配制简约式台座；范围最广是现代式台座，内容极其丰富，可以单立重点细述。

《中国赏石》：近年来小品组合石风生水起，但在底座配饰上争论颇多，您有什么评价？

秦明兴：小品石组合作品的风生水起，看似偶然，实则必然。这是大中型奇石资源枯竭的必然反映。大中型奇石资源在短短的十年间，已几乎成为绝唱。资源枯竭并没使收藏者停下脚步，相反，收藏人数倍增。理应转冷的石市，因为小品石组合作品的适时补充，奇迹般地热闹起来。大量过去不被人们重视的不起眼的小石头，仿佛一夜间如沐春风，个个鲜活起来了。精彩的小品石组合作品纷纷登堂入室，成为新贵。这些作品，既有小石头的可爱，也有许多大中型奇石不具备的优点。新事物如孩童，我们喜欢了童真，紧跟地应该是教授、呵护，使其健康成长、慢慢成熟。因此，如果把小品石组合作品归类为艺术品，具有收藏价值的话，我们需要了解收藏品的属性。所谓收藏品即：收藏于家室的、可供长期赏玩的心爱之物品。按此标准衡量现今小品石组合作品，问题显见。不论是何种原因喜欢上了小品石组合作品，都应该重视其作为收藏品的特殊性质，即能够长期保存因素。因为临时性的塑树花、枯木、胶水等均会在收藏过程中留下遗憾，最终被时间淘汰。"陈老二现象"对奇石收藏具有划时代的意义。组合作品问题虽多，但我们应持积极态度对待。

题名：瑞兽　石种：玛瑙

题名：出壳　石种：玛瑙

题名：祥云　石种：戈壁石

《中国赏石》：石头类型与座子类型（款式、花式）怎么配合最好？假如一块红色的沙漠漆坐姿人物怎么配座？

秦明兴：石头的千变万化，注定了与之相适应的底座式样层出不穷。传统底座式样已经无法满足今天人们多元化的需求。虽然难以概叙所有式样，但万变不离其宗。通过对石头形状内容细分，大致可以分为六大类别：一、山形景观类；二、人物动物类；三、图案类；四、抽象雕塑类；五、组合类；六、其他类等。底座式样亦趋辅之。在此不作展开。问题中提出的红色沙漠漆坐姿人物如何配座？一般而言，宝气暖色调配置的底座颜色宜深不宜浅，坐姿人物石面方舒放延伸、背靠饰物效果较佳，所谓"背靠大树好乘凉"就是这个理。当然还须考虑人物的性别男女、文人武夫、官员贫民等因素，再决定背靠什么内容饰物等。

黄河石积淀着深厚的华夏文明

Yellow River Stone: A Condensation of Chinese Civilization

祁文石◇文

洛阳黄河石是黄河石大家庭中的一员，也是华夏奇石苑中的一朵奇葩。色调沉稳古雅，内蕴雄浑大气，图案丰富，可为物象万千，变化多端，被国内外赏石界誉为"世间有的，石上尽有"；细腻的石质，精美的画面，奇妙的意境，为富有诗情画意的黄河石赋予了神秘的色彩。黄河石中尤其以洛阳的"日月星辰石"最为名贵，有的如旭日东升，有的似丽日中天，有的宛如夕阳晚霞，还有的恰似海上升明月，是非常难得的奇石珍品，是洛阳黄河石中的典型代表，为洛阳所独有。

洛阳黄河石的天然之美，众多的文人墨客著书立说，撰写了许多华丽的篇章，不吝溢美之词。众多的赏石大家、收藏名家和奇石爱好者酷爱洛阳黄河石，纷纷加入收藏行列，使洛阳黄河石蜚声海内外，成为观赏石界颇有名声的观赏石品种之一。多年来黄河石购销两旺，形成了一定的市场规模。洛阳的黄河石是怎么形成的？近年有不少专家学者进行了大量的科考论证，确认其分为沉积成岩阶段和砾石形成阶段。但是，笔者认为没有那么简单。洛阳黄河石之所以表面光滑细润、图案丰富多彩，且不同于其他江河的卵石，成因非常复杂，本文尝试就洛阳复杂的地质结构、独特的地理地貌、气候以及三门古湖的变迁对洛阳黄河石的成因的影响做一探析。

在远古时期，洛阳区域内地质年代复杂，在地球岩石圈不停的运动之中，大约在17亿年前，形成中国范围内最早且面积最大的一块古陆地。在此后漫长的时间里，随华北地台两次下沉，海水的浸泡使大量的石英砂层沉积下去，大量的生物遗体在沉降区堆积起来。由于地壳变动，经过下沉，升温升压，在成岩作用过程中，这些沉积的石英砂层固结起来，经过高温高压，形成了石英砂岩，也就是人们通常所说的沉积岩。洛阳黄河石主要是由原岩、沉积岩构成，也有一些火成岩、变质岩等。该地质时代环境沉积变相复杂，遂构成复杂的岩石矿物集合体，纹理、层理、颗粒粗细、色素的多质构建了硬度适中的岩石属性。至二叠纪、三叠纪地面再次抬升，山石岩质、矿物成分自然条件各异，为洛阳黄河石的形成提供了丰富的种类和物质资源。

黄河在山西风陵渡由北向南与渭河交汇后，急转为东西方向，向东流经三门峡、渑池，穿行于中条山与崤山之间，构成较长的晋豫峡谷，全长133公里。其区域内西有秦岭，南有伏牛山，北有中条山、王屋山、太行山。两岸地形起伏较大，西部、北部多1000米以上高峰，西阳河上游历山海拔2321米为区内最高峰。黄河有较多的支流、支沟、毛沟汇入，较大支流计有18条，水流湍急，落差大，多为梯形河谷，谷底宽200～800米不等。有几处更为狭窄的河段，两岸悬崖峭壁，可称为峡谷中之窄峡。如三门峡，河谷基岩为闪长玢岩，河宽仅170米；任家堆，河谷基岩为震旦系石灰岩，河宽200余米；八里胡同，河谷基岩为寒武、奥陶系石灰岩，河宽仅200米；小浪底，黄河干流最末一个峡谷，河谷基岩为二叠、三叠系砂页岩。到洛阳新安北部时，地貌条件突变，山势陡峻，河谷狭长，河道迂回曲折，以较大的落差流出小浪底狭口后直奔孟津县

境。因此该河段聚集有中游各山川流入黄河的多种卵石，形成的卵石滩其颜色多为黄褐色，古朴典雅，兼有五彩者，具有高贵华丽、雄奇壮丽之美，无论是造型石，还是图案石，既有刚健粗犷的黄河气派也有婀娜多姿的温柔，真正体现了黄河母亲的博大胸怀。黄河出小浪底后，由中游进入下游的华北平原，河床变

宽，河水变缓，这种特定的河流段位属性构成了奇石快速堆积场，大量的石头都沉积在此间。在新安、孟津域70千米内形成了易沉积石头的峪里、官家、坡头、河清、王庄、西霞院、白鹤及铁谢等28个平滩和漫滩，成为堆积奇石的最佳天然场地。

古黄河原本是一条内陆河，她的东端止于浩瀚的三门古湖，

题名：高风亮节　石种：黄河石　收藏：李灵芝

题名：日出　石种：黄河石　收藏：陈亮

裹挟山中岩石冲入河中，再经河水终年搬运，为冲刷泥沙和石头提供了充足的水能动力资源，漫长的岩石峡谷是滚石研磨奇石的动力车间，河流相伴泥沙是成就天然奇石艺术的沙粒刻刀，岩石被切割入水流经距离是奇石形成工艺过程的必然保证。黄河北岸的垣曲地处山西最南端，境内山峰连绵，沟壑纵横，允河、亳清河、板涧河、西阳河、五福涧河均流入黄河，独特的气候，丰沛的雨水，使这些河流有机会和能量把山西历山的奇石运入黄河，丰富了洛阳黄河石的品种，对洛阳黄河石的形成影响也是非常巨大的，正可谓"河里之石山中来"。

黄河是华夏文明的主要发祥地，黄河是炎黄子孙的母亲河，黄河不但孕育了黄皮肤的中华儿女，而且也孕育了千姿百态的黄河奇石。洛阳的黄河石之美，令人艳羡，爱不释手。洛阳黄河石的形成，有其独特性。首先是洛阳地区地质复杂，经历了两次沉降和抬升，成岩在互溶交替中变相复杂，为洛阳黄河石丰富多彩提供了前提；洛阳独特的地理地貌，狭长的河谷，坚硬的岩石河床，为黄河石的研磨，水流加

因为东面的中条山阻挡着她通向大海的道路。随着时间的推移，气候的不断变化，当上游的来水大量进入三门古湖，水位升高，超过了三门地垒的高度，湖水向东漫流，并不断下切，古黄河以顽强的毅力，发挥其溯源下切的侵蚀作用。经过漫长的岁月，她终于切穿中条山三门地垒，形成三门峡谷，与中条山东侧河水连接起来，全线贯通，诞生了黄河。三门古湖的演变对洛阳黄河石的成因影响非常大。黄河挟汾河、渭河流域及晋豫峡谷两岸滚落河中的奇石，浩浩荡荡地向东奔流，冲出黄河的最后一个峡谷——小浪底进入华北平原，扩充了洛阳黄河石家族的成员，并为滚动研磨搬迁奇石提供了充足的水能动力资源。

从河流水的动态来看卵石的成因，黄河中游地处季风气候区，温暖湿润，年降水变率大，且多暴雨，易形成山洪，山洪

工提供了最佳的场所；由于地壳运动，山岩被风化剥蚀，自然崩塌碎裂后，沿着山坡滚向低处。在亿万年的岁月里，独特的域内温暖湿润气候，丰沛的雨水，且暴雨居多，山洪的暴发被入黄的河流携带而进入黄河；三门峡的形成，使黄河这条巨龙穿越群山

的拱戴，携万钧之力，以几千米的落差、雄浑磅礴的气势，奔腾咆哮的急流，挟汾、渭流域岩石而下，不断磨蚀、冲刷、洗磨，磨掉了棱角，磨光了表面；在小浪底黄河从山谷狭路奔腾咆哮而出，陡然间河面放宽，黄河水风平浪静悠然东去，磨圆度很好的

色彩古朴、画面丰富的美石沉降在新安、孟津一带河床或河漫中，便成了天下闻名并极有观赏收藏价值的天然艺术品——洛阳黄河石。这些惟妙惟肖的黄河石积淀了深厚的华夏文明，集天地之灵气，聚万物之精华，成为洛阳黄河的天然瑰宝。

题名：百年好合　石种：黄河石　收藏：石博

鼠 小弟

——漠南 ◇ 文

　　鼠是聪明能干的小动物，但在国人眼中影响不好，以至于"过街老鼠，人人喊打"，西方人把老鼠形象彻底颠覆了，猫常被描述成以大欺小者。此枚赏石鼠的形象毕肖，但不狰狞。"鼠小弟"与人争食也是为了生存，观此石让人忍俊不禁，鼠与人的"成见"似乎化为乌有。

题名：鼠小弟
石种：玛瑙
尺寸：10×10×7cm
收藏：石博

吉祥云朵

赵海荣◇文

　　"祥云"是很具代表性的中国文化符号，云气神奇美妙，发人遐想，其自然形态的变幻有超凡的魅力，云天相隔，令人寄思无限。所以，在古人看来，云是吉祥和高升的象征，是圣天的造物。此枚赏石就以云纹画面取胜，祥云丝丝缕缕随风变化，充满动感，美不胜收。

题名：吉祥云朵
石种：黄河石
尺寸：35×36×9cm
收藏：宋志刚

精
品
赏
析

瑞兽

李密 ◇ 文

巨木横卧戈壁，历亿万年之沧桑，苦熬神智，静候变迁。待人类成熟之际浮出，瀚海似龙，如兽摇头摆尾，目光如炬，昂首挺胸，形态大气，人见人叹，无不称奇，众口交赞，中华之瑞兽也！

题名：瑞兽
石种：硅化木
尺寸：165×50×110cm
收藏：赵刚

题名：珠璧联辉
石种：葡萄玛瑙
尺寸：36×22×16cm
收藏：石博

访石记

> 罗布泊，位于塔里木盆地，被喻为"消逝的仙湖"。这里曾经湖清草美，飞鸟成群；这里曾经人声鼎沸，商贾云集；这里曾经万家灯火，楼兰不夜。然而，因为人为的破坏和自然原因，现在已寸草不生，荒无人烟，成为一块冒险之地。
>
> 只有置身罗布泊，你才能深切地感受到自身的渺小和脆弱。茫茫大地，杳无人烟，见不到生命的迹象，惟一能见到的，是动物的枯骨和干涸的草木……罗布泊那极端恶劣的环境，令人生畏；但罗布泊曾经存在过的辉煌历史，又令人向往。
>
> ——题记

野人罗布泊
Lop Nor Travelogue

赵志强◇文

神秘罗布泊——生命的禁区

就是这个世人皆知的死亡之海，把无数企图驾驭它的鲜活生命毫不留情地变成了一具具木乃伊。令人望而生畏，畏而却步！

中国著名的科学家彭加木在罗布泊神秘失踪。中国十大探险家之一的余纯顺，竟然在前有补给、后有救援的良好条件下，也因沙暴和迷路葬身于罗布泊，令后人慨叹。

在罗布泊荒漠，大风一起则天昏地暗，日月无光更令人胆寒。它虽然广袤辽阔却布满陷阱，我们进入其中，举目苍茫一片：没有边际，没有生灵，没有生气，唯能感觉到的是我们的

呼吸和脉动。罗布泊几乎无日不风。"无端昨夜西风急，尽卷波涛上山冈。"大风卷起大量的沙石，铺天盖地落下来，从而造成沙丘的移动和漂移。

罗布泊有着太多的神秘。其中，除了无数探险者的灾难之谜；还有楼兰美女、小河文化、海头古城之谜；更有不可思议、幻景奇妙的"海市蜃楼"，令人平添许多神秘与诡异的感觉。

1600年前，东晋高僧法显曾到过罗布泊荒漠。他后来是这样描绘的：上无飞鸟，下无走兽，遍望极目，欲求度处，则莫知所拟，唯以死人枯骨为标识耳。他把罗布泊的险恶环境喻为恶鬼热风，遇则皆死，无一全者。到了近代，此地又被探险家和考古学者称为死亡之域。这就是被争议和研究了整整一个世纪还未完的罗布泊的基本面目。

然而，野人武宗云却把它征服了。

罗布泊的野人传奇

他叫武宗云。

在罗布泊，他历尽艰辛，尝尽了无尽疾苦，接受过无数次生与死的考验。当死神与他擦肩而过后，留给他的是更多的知识和经验。20年来，他进入罗布泊开展艺术创作活动70多次，并因此成为探险罗布泊的世界第一人！

罗布泊内数十年的行走，练就了他一身的本领。无论风沙还是夜行，凡是他到过的地方，地形地貌过目不忘，没有GPS也从未迷过路。

武宗云，是位奇人。少时放牧于天山北麓，用羊鞭习画于山水之间。后成为毕业于新疆艺术学院的传奇人物，一名专业画家。毕业后，他走遍新疆的戈壁沙漠、大山大川，领悟了大漠之

雅丹风貌

魂，感知了远古文明的呼唤，执著的艺术追求和对自然的崇尚，使他深深地爱上了这个死亡之海——罗布泊。多年来，他拍摄了无数雅丹胡杨沙漠的风貌，画出了许多罗布泊的真实景色，在浩瀚的沙漠和雅丹上，捡拾了一个罗布泊史前文明。

武宗云，是一位竭尽全力发现和保护罗布泊史前文化而不计安危、不图名利的行走使者。他舍生忘死，搜集抢救出了几万件西域石器。这是一件非常了不起的壮举。他最大的愿望是：在有生之年，办一座罗布泊史前文化博物馆，给后人留下古老历史的传说。

即将消失的罗布泊史前文化

野人武宗云，拿到了进入罗布泊史前文明的钥匙，复原出了罗布泊远古人类生活图。武宗云和他的野人俱乐部，挽救了一

武宗云在罗布泊开展艺术创作

个地域的史前文化，捡回了一个即将被烈风撕碎的史前文明。在世界文物保护史上，写下了浓重的一笔。他们的高尚行为造福了人类，功在千秋！

罗布泊遗迹正在急速消失，神秘楼兰也许仅能再存20年。

20年后，人们或许再也见不到楼兰了，楼兰只能是一个传说。据悉，由于罗布泊荒原环境的迅速恶化，20年后，罗布泊将全部沙漠化，其古代文明和远古文化的佐证也将随之消失！

罗布泊是一个曾经失落的家园。早前的它是一片沃土，养育了多民族的先民。它曾是西域文明的摇篮，远在7000—10000年前的石器时代已有人类在那里生活。罗布泊有丰富的森林植被，河网密布，使以采集、渔猎和放牧为主的民族得以生存。罗布泊是丝绸之路必经之地，有过西域国存在并繁衍的历史。当时商贾往来，驼铃叮当，"草软羊肥"，一派繁荣景象，但是在不到一个世纪的时间里却消失了。自然环境的恶化，政治中心的转移，终于将米兰、楼兰和海头等古城变成了废墟，土地变成了荒漠，成为了无人地带。

现在的罗布泊是个黑洞，吞噬着曾经在这里休养生息的人类史前文明。

这个地球上的"宇宙黑洞"就是罗布泊恶劣的环境和无情的烈风。它将人类史前文化遗产毁坏的荡然无存，它摧毁和撕碎了曾经有过的史前文明。

本人有幸随同野人俱乐部对罗布泊进行了20多天考察，所见所闻，极为震撼、感慨和不安。

在罗布泊，狂烈的风沙掀起了深深的汉晋与新石器时代及更久远的地层。陶片、细石器几乎四处可见。从一些集中散落在地的陶片上不难看出，这

行走在死亡边缘的勇者

曾是些陶器整器。它们是从被风揭开的地层中露头后，又被风摧毁的。各种制式的箭镞、大小不一的细石器，完整的、残断的，在沙漠和雅丹上随处可见。许多大型石器、石核被风刮出，裸露荒野，五马分尸，风化殆尽。有些玉斧被风蚀断裂，有的被剥了层，见身不见皮。还有不少石质玉化的石锤、砍砸器，被烈风呼来唤去，"曝尸荒野"，令人心寒！

本人一向对打制石器情有独钟。本想捡起这些罗布泊文化的重要标本，也算是为保护古石器出点力。但是不能，因为几天的饮水和食物等早已不堪重负，如果再带上这些石核石器，就根本不能继续每天三四十多千米的路程了。然而，令人欣慰的是，这

武宗云画笔中的罗布泊荒漠之景

些保护和挽救史前文化的工作，却由罗布泊野人俱乐部和武宗云办到了！

散落在罗布泊的远古石器

走出来的罗布泊史前文化博物馆

武宗云说："我们捡到的这些石器、玉器是属于人类的财富，是国家的，我们要让世人分享罗布泊的史前文化，为保护远古文明，让我们为社会奉献自己的微薄之力"！

20年来，武宗云，这位新疆艺术学院毕业的专业画家，怀着对大自然的崇敬和热爱，凭着自己对事业的执著追求，进行了以罗布泊为题材的《海头云踪》绘画艺术创作，其事迹和作品业内称羡不已。画好罗布泊就要了解罗布泊的文化。当他看到散落沙漠荒野的古人石器时，心潮起伏，久久不能平静，他仿佛听到

了远古人类围猎时的呐喊，看到了先民采集耕作时的一幅幅生活场景。

于是，在创作之余，他走遍茫茫的沙海和雅丹，捡拾着一个个细小的石器，积累复原着罗布泊史前文化，呵护着罗布泊远古的文明。

从罗布泊向外背石头，谈何容易！GPS直线10千米的距离，你需要付出曲线30千米的代价。高低起伏的沟壑，纵横交错的沙山，况且还是在负重的情况下，让人难以想象是多么的艰难。因为不能走重路，捡拾到这些石器后还要背着走几天的路程，也就是说当你捡拾到石器后，这件石器需要跟着你走上80-150千米的路程才能返回大本营。毅力，脚力，体力，精力，财力，缺一不可，更重要的是，支撑武宗云毅力的是他对人类贡献和对史前文化呵护的一颗爱心。

本人在亲身经历和感受罗布泊环境状况后，在野人老大武宗云的家里，看到了他优秀的罗布泊绘画作品，同时也见识了武宗云日积月累、捡拾到的各种石器标本。

探险途中难得有这一刻的轻闲

罗布泊荒漠里的远古石器、木器

胡杨风姿

其中，旧石器、细石器、新石器约30000余件；和田青花玉、碧玉、羊脂玉的玉斧、玉锤、玉箭镞达400余只；其他贝币、木器、陶器不计，完全超过了一个罗布泊史前文化博物馆的展品规模。据悉，新疆博物馆的玉斧仅为7只，全新疆所有博物馆玉斧加起来也不过50只。罗布泊史前的和田玉斧并非礼器，而是简朴无华的实用器，大多使用痕迹明显。其年代，是与石核、石叶、石箭镞、石刀等细小石器同时产生的，有的与其他遗物混迹于一起，静悄悄地躺在雅丹上，或者沙地里。

在武宗云的果园里的仓库和简易展厅里，各类打制的石器或细石器尽收眼底，从千年到万年，各种器型应有尽有。石质从燧石、玛瑙、戈壁石到和田玉石，令人目不暇接；石核、石杵、刃片、石针、石叶、石刀、刮削、砍砸、石斧、玉斧、石

锤、玉锤、柳叶形石箭头、石矛头、单双脊细石叶等等上百个器型，保你眼花缭乱。

透过这些精美的石器我们不难看出，罗布泊早在公元前10000年到公元前4000年的石器时代就已经是人们活动和聚集地了，他们制作了弓箭、矛头等基本的劳动工具，过着原始的狩猎和渔猎生活。当时的罗布泊在沿孔雀河的台地上，人们依水而居，原始聚落已兴起。罗布泊水草茂盛，森林密布，鸟语花香，动物成群，非常适宜生存。

"死亡之海"罗布泊，早在万年之前就有古人类生息，并延续到历史时期，人类退出沙漠仅是汉唐后期。由于大自然的灾变，终断了人类文明史的延续。

开办罗布泊史前文化博物馆是武宗云此生最大的愿望，就像武宗云所说的，这些宝物不属于武宗云，属于中国。

黔之驴

赵海荣◇文

据说黔驴的形象似马，多为灰褐色，头大耳朵长，四肢瘦弱，体高和身长不相等。但此驴很结实，耐粗放，不易生病。观此石让人想起古时一则著名寓言：「黔无驴，有好事者船载以入。至则无可用，放之山下。虎见之，庞然大物也，以为神。」

题名：黔之驴
石种：黄河石
尺寸：30×30×8cm
收藏：宋志刚

金猪

红孩◇文

　　肉墩墩的身体，憨厚无邪，色彩如釉。这是只艺术化了的小猪，宛若人工精制的艺术品，自然界如此造化实属难得。"狗其怀物外，猪蠢窗悠哉。"猪虽常大腹便便，古代却被认作吉祥物，经常用猪代表财富和生育。观赏石中猪形态的较多见，但这只很特别。

题名：金猪
石种：戈壁石
尺寸：11×10×3cm
收藏：石博

万年灵芝

———— 红孩 ◇ 文

仙山生瑞草，像菇也妖娆；
有缘可相遇，何须山涧找；
教君能相识，看我石上描。

题名：万年灵芝
石种：黄河石
尺寸：25×25×12cm
收藏：高彩林

精品赏析

167

沪上石友众生相(二)

Portrayal of My Friends of Stone Collections in Shanghai(II)

赵德奇、石童◇文

吴寿宝

老吴,私人企业家,某眼镜厂厂长,专为世界名牌提供镜架。老吴买石不讲个数讲吨数和筐数,厂区内的一角整齐的堆码。旁边还有两条大狼狗护石,一有空老吴便拖上一筐,散在桌上,一块一块地研究似什么像什么。厂区内他有个大展厅展示他"自以为是"的宝贝石头,办公室除了石头,其他摆放零乱而无序,但老吴自己的头势每次都是丝毫不乱,老吴认为只有头路清爽,才会思路清爽,思路清爽才会财路通畅。

我去过他厂内二次,买过他一方内蒙古沙漠风砺石,他在我报价的基础上减去了1000元。

但好景不长,世界经济危机,老吴出口订单大失,现金流出现严重困难,在石头市场上老吴不见了!和他通过一次电话,老吴说,他很困难。

最近听陈老二传来好消息说,老吴活了,关键时刻老吴卖掉了石头,救活了工厂!老吴说,是石头救了他。

在摄影界有句名言:要破产玩单反,但石头界好像玩了破产的、发了财的、救了命的、发了痴的都有。

祝老吴企业好起来,石头也可再买起来,但再买就千万别再论吨的买,要买就买可救难的好石!

吴寿宝

卢震

卢震

　　记住他胡子的人，要远远多过记住他店名的人，于是，卢震就把自己的店隆重命名为《大胡子石府》。为了表现他的胡子，我特意换上了做显微镜出身的日本奥林柏斯锐利镜头。石头、摄影两栖型大师级人物卢雄杰先生批评我道："人家卢震脾气好得很，你拍得如此锐利不符合本人形象"。这会儿管不了那么多了，胡子清楚要紧。

　　老卢福建人，但在天水读书工作，后就职于天水客车厂。1996年老卢进军上海石市，在上海江阴路花鸟市场大轿底下的石屋内，老卢让上海人见到了早期的古陶石，内蒙古乌力吉紫砂般的风砺石。一位现在还活跃在石界的头面人物，及上海一些所谓风砺石的赏玩名家都是老卢带着他们第一次走进内蒙古沙漠。当然，这些人在向别人吹嘘自己的赏石英雄史时，从来不提此事，历史可以"故意"的忘记，但却不能抹杀。

　　六年前我得知老卢有方红碧玉的鸟，仿真度极高，生动而自然。东西在天水家中，我请他定好价，我出来回飞机票把石头均给我，老卢找理由回绝了，理由是：老了以后总要有几方自己玩的石头。我和朋友一起请他吃饭，内心为的是想看他店内有个不开启的藏石木箱。第二天他就打开了木箱让我一观，一方内蒙乌力吉产的"瑞兽"把我镇住了。我怕失去机会便自己出了个当时的高价，老卢说："我家在造房，

缺钱，否则肯定不卖。"于是我又加了1000元，记得最清楚的是，老卢把石递给了我，手却不肯放松，我深深地感觉到一个爱石人卖掉心爱之石的心情。我拿到了石头，但总感觉欠老卢一个人情。一次他念小学的女儿对我说："赵叔叔，这块小木化石200元给你吧，我买手机缺200元，爸妈不肯给我。"我看着老卢漂亮可爱的女儿笑了，但老卢却骂女儿不可以的，我说："我们已经成交了！"

　　石头生意难做，老卢又发挥自己的杂项特长，除石头外经营起根雕盆景、各种葫芦及制品、鸣虫虫具、清玩杂件。

周明章

　　周明章原上海市观赏石协会常务理事、多伦分会会长，为弘扬石文化默默耕耘的"老阿哥"。

　　1941年出生的周明章，是上海浦东国际货运公司总经理、经济师。退休后热心赏石协会工作。上海观赏石协会会员活动的鼎盛期，要数"老阿哥"周明章担任多伦分会会长期间，奇石的拍卖、讲座、交流、展示、研讨会、石友联谊会等活动连续不断，协会新会员数量快速地增长。这一切都同"老阿哥"的策划、落实、运作有着十分密切的关系。因为年龄关系，"老阿哥"淡出了协会的领导层，但他朴实无华、行之有效的工作作风仍深刻地留在石友们的心中。回忆当初在"老阿哥"手下工作的情景，也是一种美好的享受。

2010年4月石友联谊会上周明章（右）和北京石友在一起

季建国

石，曾名震上海小品石界(见附图博古架左边中间)，他也因此曾被戏称为"鸡"建国。据可靠消息，此组合被张立功先生重金收下。他的《被蛀的白菜》经他请示太太后转让予我。

老季走了，来不及向他在沪太路一房间的石头告别，也来不及对石头的去处有所安排就撒手而去，真可谓石头有情天无情。

我想，我是玩家，我不是藏家，万一我走了石头还在那怎么办？于是，我开始卖出我的石头。

老季给我的最多印象，喜欢打牌或麻将，小店内常烟雾蒙蒙，他的胃不好，常备些饼干零食，常带老婆备好的饭菜，用自备微波炉加热，边吃边用左手托起一方小石横看竖瞧。

老季是好人，但这并不影响

季建国

在上海，季建国玩小品石可谓是前辈级人物，他师从上海微雕名家周长兴，曾专雕出口石壶及蝇头小楷而名扬一时，潜心专收内蒙古戈壁小品和微品且储量宏大。他坚定地认为，存精品就是存银行。

然而，2011年12月20日，在他女儿婚期的前四天，他不幸去世。噩耗传出，上海石界先是一阵寂静，后是一片唏嘘！这年他56岁。我是在西藏摄影回沪的途中得知这一不幸的消息。

老季的朋友和客户，太原张立功先生，较早地在电话中表达了他对老季离去的惋惜和伤感，他说，老季是个好人……我想，这并不仅仅因为老季曾给过他好几方精品石。

老季的眼光之挑剔，角度之精准那是出了名的，他常拣别人的漏，没听说有谁拣了他的漏。眼光就是财富，在他身上体现得淋漓尽致。

他的一组《鸡的一家子》组

季建国藏品

他应该具有些缺点，老季喜欢弓着腰在别人做生意时说些不合时宜的话，这常使一些商户与他闹些别扭，好在老季脾气好，或是改正、或是认错、或是坚持。

现在许多人想起此类往事，反倒觉得老季的形象更显立体和生动了。

李叶飞

李叶飞，藏吉轩主人，绰号长脚。早年是某厂的热处理车间主任，询问之下，他告诉我所谓热处理是指：对固态金属或合金采用适当方式加热、保温和冷却，以获得所需要的金相组织结构与性能的加工方法。于是，他谈了一番退火、正火、回火、淬火、调质的工艺方法，说得还是头头是道。我是学过金属工艺金相学之类的学问，心想他不是冒牌货。

言归正传，他的企业破产后，拜师学过画、练过摊、卖过皮鞋、折腾过古玩，也曾暴发过，用大号塑料袋装满百元大钞。

但他最终心甘情愿地加入了赏石的大军。

凭借山水绘画的眼力，他对景观山形、人物场景的布局与结构有自己的理解。虽然做着石生意，却也藏有多方不肯卖出的石头。由于其对石头的勤

李叶飞藏品

于擦和善于擦，其店内的赏石总觉得比别人滋润。由此，得了个"沪太第一擦"的名号！

问起他近些年的生意心得，他说：生意越做越淡定；从容，是石头生意的最后归宿，往往生意都在不经意间做成。最近他满面红光心情很好，宝贝女儿风光地并略有奢侈地完成了出嫁，他说这要感谢石头给了他乐趣和财富。

王文金

王文金（右）在石友联谊会上与北京石友认真交流

在上海石协举办的各种活动中，经常可以看到老王忙碌的身影，展览会物品登记、拍卖会拍品管理及其他赏石活动中泡水、端茶、讲解、值班，是观赏石活动中十足的勤务兵。让人一点也看不出，他曾经是一家规模不小的印刷厂的法人代表兼总经理。因为爱石，就心甘情愿当好为石友服务的志愿者。

玩石多年，藏有不少精品水石。只进不出，必然会给居住面积本来就不宽敞的石友们带来同样的困惑。年初他打算低价卖出部分藏品，因没有合适的渠道，搁浅至今。

前几天打电话给我，说去昆明帮子女创业开公司去了。我知道他儿子零志愿进入上海复旦大学金融系，又读了几年研究生，是复旦大学金融系的高材生。在此预祝王文金父子创业顺利！

题名：生生不息
石种：绿泥龟纹石
尺寸：650×290×110cm
重量：50吨
收藏：张华

华源景石

题名：云崖水暖
石种：纹石
重量：46吨
收藏：张华

玩石随想

Thoughts on Stone Collection and Appreciation

陈文川◇文

题名：奥运圣火　石种：九龙璧　尺寸：14×18×8cm

久居福建，自然喜欢九龙璧。文人雅士品赏九龙璧古已有之，自古便有"绿云"、"红玛瑙"之称，有唐以来就作为珍宝进贡朝廷。

九龙璧又称华安玉，主要产于福建化安县城关一带九龙江上游、中游。其色彩丰富，民间称为五彩玉，翠绿、葱绿、碧蓝、姜黄、绛红、浅紫等颜色共铸一石，纹理构图绚丽斑斓，五彩的线面勾勒出万千的气象。九龙璧以其肌质坚贞，形态万千，典雅高洁而著称，这些特点构成了九龙璧石意境深邃、韵味无穷的文化内涵。具有质、色、纹、形、韵，"五美"俱全的九龙璧被福建国土资源厅认定为"八闽名石"，漳州市人大常委会定其为"漳州市石"。 2000年中国宝玉石协会将其定为"中国四大名玉"之一。

相对于古典赏石标准的"瘦、皱、透、漏"，当今赏石新标准的"形、色、纹、质、韵"似乎更能体现出九龙璧的独到之处。

九龙璧的山型颇为常见，这是一种自古至今典型的中华赏石视野。品读宋代文豪苏轼《赤壁赋》所载"寄蜉蝣于天地，渺沧海之一粟。哀吾生之须臾，羡长江之无穷。挟飞仙以遨游，抱明

题名：天都峰　石种：九龙璧（华安玉）　尺寸：108×95×68cm

月而长终。"近观九龙璧雅石，高洁、隐逸的文士情操不禁油然而生。古人赏石，置一案头山水，静思吟罢，俯察品类，游目骋怀。欣赏山形石便如同身临其境一般，山中策杖、崖顶听瀑，岂不快哉。

难得的是，九龙璧并不只有造型石，其图纹石亦相当精彩，其色质、肌理、浮雕，千变万化、多姿多彩。

作为一个福建人，认为九龙璧是顶好的观赏石也不过分。我看过许多的赏石画册，也玩赏过很多地区的观赏石。从"形、色、纹、质"的标准来看，观赏这些石头从审美和情趣来说怎么会有优劣？

俗话说，一方水土养一方人，那么一方山水也养一方爱石

人。中国幅员辽阔，观赏石资源丰富，从北方的风凌石，到南方的黄蜡石，东有止盈一握的雨花石，西有厅堂镇宅的黄河源头石，具象的一定盖过抽象的？艳丽的一定美过朴素的？巨大的一定压过微缩的？是这样么？纵如中国绘画"南北宗"、"文人画"、"匠人画"一般，任何领域，总有分野，勿论高下。

玩石静雅

赏石之美，赏的什么？何谓赏石美？

数年前，在北京顺景园举办的迎奥运——全国观赏石邀请展上，曾看见BCI（国际盆栽雅石协会）展出的十方奇石。简单的造型、朴素的配座、灰黑的颜

色，不由让我诧异，这也是赏石么，赏石究竟赏的什么？

从《云林石谱》到《素园石谱》、《长物志》、《古玩指南》，皆有中国古典赏石的介绍。纵使中国古典赏石讲究看纹理、探孔洞、辨玲珑，基本赏石观也是探寻赏石的心脉，而非品色观型。就中国传统工艺美术水准来看，精巧、华美、奢靡的东西都需要人工制作，对形质、色彩、反复研磨，才诞生了成化斗彩、紫檀家具……而来自自然的石，赏的是拙，赞的是朴。

西方目前的赏石文化与日本水石审美一脉相承，其英译suiseki也是日语"水石"的音译。如果亲游日本京都龙安寺的枯山水庭园，便会恍然觉得日系赏石的意境。在修行者眼里，禅宗庭院内，岩石、细砂、植物构建的寂静场景就是禅的世界。因此，水石，要通过凝望眼前平凡的石头，观照内心世界。

型石当道

从中国整体来说，赏石视野总绕不过两大石种：戈壁石和广西石。早期，戈壁石泛指内蒙古境内的玛瑙、风凌石、碧玉、木化石等，因其产自戈壁统称戈壁石。后来随着我国新疆、蒙古国更多类似观赏石资源的发现，戈壁石的定义逐渐细化，产生了沙漠漆、大滩玛瑙等新的分类。戈

壁幅员辽阔，观赏石产生源头不一，有的是火山喷发的结晶，有的则是亿万年风蚀日晒的产物，这也造就了戈壁石造型多变、颜色丰富、质地丰润的特点。戈壁石赏玩发展到今天，小品组合大行其道，造型精巧是其首要特点，正如有人戏言"戈壁石砸碎了也能卖钱"。赏石之初，的确是型石当道。

与经历大漠风沙的戈壁石相比较，广西石正反映了我国的风貌南北差异。广西石大多是水冲石，其中尤以大化石、彩陶石、摩尔石、三江石等为代表，体现

了南国水乡的雅致风貌。广西石大多以色质取胜，大化石的金黄大气、彩陶石的婀娜墨绿、摩尔石的深沉雅灰、三江石的色彩斑斓，不一而足。其石皮细腻、包浆醇厚，深得南北石友的喜爱。其中，摩尔石起伏波折的形达到一种流动的美感，视为抽象的型。

九龙璧的造型多变，除上述的传统山形之外，人物、走兽、翎毛、佛道等不一而足，如同中国传统绘画的分类。除福建外，广东、江浙、沪上皆是九龙璧精品的集群之地。九龙璧的佛道题

材尤其受到藏家追捧，佛祖、罗汉、上师、散人……有的简笔草草、有的法袍加身，无一不勾勒出禅石的独特韵味。

石值几何

当今社会，无人能超脱金钱价值的审定和判断，心中不时在换算藏石与价值的等式，不然也不会有人铲掉整条河床，难道颗颗都那么美么？

近期的中福赏石拍卖图册我也见到，灵璧、英石居多，九龙璧也时有涉及。往前追溯数年，中贸、西泠的雅石拍卖也多为古石、山子，当前的观赏石似乎游离于正统拍卖渠道之外。

可是，这又怎样呢？观赏石自有它的属性，自然天成为本，物有所稀为贵。在黄金价格争夺战中，"中国大妈"可以叫板华尔街，观赏石价值也是被"中国大叔"左右的。

"中国大叔"代表的赏石购买力的主体，也是目前主流赏石价值观的反映，或许只买对的，也可能只买贵的。观赏石正是因为其唯一性，反而很难比较，审美全凭个人喜好，因而拍卖反而很难论其价值层级。

即便资源日渐稀少，总会有其他角色补充进来，不管是新的石种还是主顾，你只要选定赏石的愉悦是最大的价值，便不枉赏石岁月了。

题名：龙江颂　石种：九龙璧（华安玉）　尺寸：95×98×50cm

中华龙

红孩◇文

中华神龙人皆识，
何须画前笔再题；
石激悬流声霹雳，
九重天外覆东西。

题名：中华龙
石种：紫金石
尺寸：115×15×32cm
收藏：张学文　赵永凤

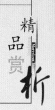

精品赏析

177

罗汉

—— 漠南◇文

十八罗汉名四方，
普度众生功德长；
广传佛法修金身，
神妙万卷佛法藏。

题名：罗汉
石种：沙漠漆玛瑙
尺寸：15×10×7cm
收藏：石博

中华凤

——赵海荣◇文

凤为民间传说的「四瑞兽」之一。居百鸟之首，是人们想像中的神鸟，头似锦鸡、身如鸳鸯，有大鹏的翅膀、仙鹤的腿、鹦鹉的嘴、孔雀的尾。凤是人们心目中的瑞兽，有吉事便有凤凰飞来。此石神奇的是它的形态，凤的首尾翅等不仅形似，且是天然浮雕。

题名：中华凤
石种：紫金石
尺寸：95×18×25cm
收藏：张学文 赵永凤

金蟾

—— 红孩 ◇ 文

刘海戏金蟾，
步步钓金钱；
虽为三足立，
人间广施财。

题名：金蟾
石种：葡萄玛瑙
尺寸：22×16×15cm
收藏：石博

满_篮

寿桃[印]

——漠南◇文

桃花园里桃抹彩，

馥郁满园引君来；

此果原本有仙气，

未曾品尝已醉态。

题名：满篮寿桃

石种：戈壁石

尺寸：19×16×12cm

收藏：李群

太白醉酒

————漠南◇文

题名：太白醉酒
石种：绿松石
尺寸：11×8×6cm
收藏：张星国

遥想当年李谪仙，斗酒吟诗出名篇；
北海宝塔峰亭中，黄山道边十八弯；
笔走龙蛇风云迈，词歌倾国至今鲜。
都言才子尽风流，举杯邀月醉眼酣。

题名：入云龙
石种：戈壁石
尺寸：30×20×16cm
收藏：张克清

入云龙

——红孩◇文

九重泉底起真龙，
雷惊电激说英雄；
风淡云清天地明，
九洲欣悦舞歌声。

神犬望月

———— 梁积林◇文

还没有来得及给这段时间命名
你已跑进了石头的河流之中
回眸，其实是另一种飞翔
是水的一次冲浪
就那么一瞬
大地攥紧了天空
就那么一瞬
飞溅成了月亮的秒针

题名：神犬望月
石种：葡萄玛瑙
尺寸：22×20×13cm
收藏：许发财

猴王

——红孩◇文

原是神山一仙石，
不识凡间爹和娘；
山崩地裂雷霆响，
花果山头添新王。

题名：猴王
石种：玛瑙
尺寸：13×12×9cm
收藏：石博

联系方式

页 码	题 名	收藏人	电 话
封面	寿桃	刘勇	13809952226
1	玉蟾	石博	13895403938
12	纳财	沈道林	13916034682
13	天赐葡萄	石多才	13804731797
26	忠盔	刘 勇	13809952226
27	天涯海角	张跃	15965776239
34	金色童年	孙福新	13917018398
35	呼啸	吴坤连	13788225363
45	仙人峰	李旭阳	13764327390
57	太平盛世	宝玲阁	13995399096
66	鱼形	金成	13087141008
67	老寿星	夏蒙	18604830099
84	美狐	石多才	13804731797
86	文字石"江、山"	陈俊茂	13389361600
93	仕女图	赵天佑	13993134796
94	元宝	张林胜	13947304806
95	秀丽山川	杨永山	13893320668
100	大鹏展翅	李智善	13804739889
101	仙女下凡	张峪彬	13917339331
107	老寿星	吴国章	13919781618
119	中华魂	段玉霞	13895417779
120	鸟语花香	段玉霞	13895417779
121	爱神卫士	侯现林	13905343966
122	童子	范智富	13701701918
127	山花烂漫	李智善	13804739889
141	心想事成	鲁学臣	18604830001
144	昆仑云霞	顾玉亭	18797180077
155	吉祥云朵	宋志刚	13993158595
156	瑞兽	赵刚	13899309788
165	黔之驴	宋志刚	13993158595
167	万年灵芝	高彩林	13919371682
172	生生不息	张华	13991282929
173	云崖水暖	张华	13991282929
177	中华龙凤（龙）	张学文	15232118172
179	中华龙凤（凤）	张学文	15232118172
181	满篮寿桃	李群	13905011629
182	太白醉酒	张星国	15098076666
183	入云龙	张克清	18686130819
184	神犬望月	许发财	13947496087